# 조선왕조 실록에 숨어있는 과학

"조선 시대에 정말 UFO가 왔었을까?"

# 조선왕조 실록에 숨어있는 과학

지금껏 아무도 몰랐던
조선왕조실록 속 과학 비사!
현대과학으로 풀다!

이성규 지음

살림Friends

## 머리말

세계사를 통틀어 조선처럼 500년 이상의 역사를 이어온 왕조는 매우 드물다. 이렇게 긴 역사를 가진 왕조가 남긴 공식 국가 기록인 『조선왕조실록』은 세계에서 가장 긴 역사를 기록한 책이다.

『조선왕조실록』은 1대 태조로부터 25대 철종에 이르기까지 472년간의 기록이 편년체로 서술되어 있다. 제26대 『고종실록』과 제27대 『순종실록』은 망국 이후 일본이 설치한 이왕직에 의해 편찬되었다. 따라서 일본의 조선총독부가 중심이 되어 역사적 사실을 기록하고 있으며 편찬 기준이 이전의 실록과 달라 두 실록은 『조선왕조실록』에 포함시키지 않는다.

왕과 왕실을 중심으로 하여 왕의 모든 행위가 기록 대상이 된 『조선왕조실록』은 정치, 외교, 경제, 군사, 법률, 산업뿐만이 아니라 당시의 생활상 및 풍속, 사상, 과학 등까지 다방면의 역사적 사실이 기록되어 있다.

서울대학교 규장각에 소장된 정족산본 완질의 경우 1,707권 1,187책의 약 6,400만 자에 이르는 방대한 분량이다. 또한 『조선왕조실록』은 1997년 유네스코의 세계기록유산으로 등록됨으로써 인류의 소중한 기록문화로서의 가치를 인정받고 있다.

여기까지가 일반적으로 알려진 『조선왕조실록』의 모습이다. 그런데 나는 실록을 찬찬히 읽어 보면서 매우 색다른 느낌을 받았다. 우선 '어떻게 이런 것까지 적혀 있을까'라는 생각이 들 정도의 기록이 아주 많았다.

집 처마에 딱새가 집을 지었는데 거기에서 태어난 새끼의 크기가 산비둘기만 하다는 내용도 임금에게 일일이 보고되고, 부엉이가 궁중 안에서 운 것까지도 기록되어 있다. 또 조그만 시골 마을에서 발이 더 많이 달린 송아지나 강아지가 태어나도 그 생김새가 어떠하다는 사실까지 상세히 보고되었다.

어떻게 보면 임금이라는 자리가 참 할 일 없는 것처럼도 보이고, 당시만 해도 나라 전체가 한 식구처럼 소박하게 살았구나 하는 느낌도 들었다.

또 하나는 매일 똑같이 사소한 일이 발생해도 빠뜨리지 않고 계속 기재한 '기록의 일상성'이라는 점이 특히 눈에 띄었다. 어디서나 흔히 볼 수 있는 햇무리가 어제 나타났고, 오늘도 똑같이 나타났다 해도 실록은 결코 싫증내는 법 없이 그 사실을 있는 그대로 적고 있다.

그런데 알고 보면 이와 같은 기록의 세세함과 일상성이 『조선왕조실록』이 가진 위대한 점이자 오늘날 과학사적인 측면에서도 유용한 자료가 되고 있다.

『조선왕조실록』에는 지진이 기이한 자연현상으로 소개되어 있다. 갑자기 땅이 흔들리고 우레 같은 소리가 났으니 그럴 만도 했다. 『조선왕조실록』에는 이와 같은 지진에 관한 기록이 1,500여 회나 나타난다. 이것만 보아도 과거 우리나라가 지진의 무풍지대가 아니었음이 확실해진다.

지난 2009년에는 국내 연구진이 『조선왕조실록』의 혜성 기록을 분석해 1490년(성종 21)에 나타난 혜성이 사분의 자리 유성우의 기원임을 처음 규명하는 성과를 올렸다.

『조선왕조실록』의 과학적 가치는 이미 외국에서 더 널리 인정받고 있다. 케플러초신성은 우리은하의 뱀주인자리에서 폭발한 초신성으로 1604년 요하네스 케플러가 발견했다. 그런데 당시 유럽은 날씨가 흐려 케플러의 관측 기록도 공백으로 남아 있는 부분이 많았다.

『조선왕조실록』에는 새롭게 나타난 이 별에 대해 7개월간 130회나 되는 관측 기록이 담겨 있다. 그 기록 또한 목성 및 금성과 비교해 매우 정밀하게 묘사해 놓았다. 이 정밀한 관측 자료를 토대로 영국의 천문학자들은 초신성의 유형을 알아낼 수 있었다. 요즘 서구의 천문학자들 사이에서는 케플러초신성에 대한 『조선왕조실록』의 관측기록이 케플러의 관측기록보다 더 자주 언급되고 있다.

이 책은 지금까지 국내에서 나온 조선왕조실록 관련 저서 중 과학적 시각으로 접근한 최초의 책이다. 여기에 서술된 트랜스젠더 닭, 알비노 까마귀, 한강 두모포에서 그물에 걸려든 괴생명체, 조선에서 목격된 UFO 등의 사례는 앞서 말한 조선왕조실록의 그 세세함과 일상성 덕분에 접근할 수 있었던 자료이다.

나는 이 책을 기획하고 기초 자료를 수집하는 데 1년, 보충자료를 수집하고 저술하는 데 2년 등 꼬박 3년이 걸렸다. 단순히 과학적 사실과 시각에서 바라보기보다는 왜 하필 그 시점에 그런 사건이 기록되었는지에 대한 역사적 상황까지 추적해 보았다. 자료를 수집하고 저술하는 내내 어려운 점도 많았지만 『조선왕조실록』이란 그 방대한 강물 속에서 누구도 알지 못했던 새로운 물고기 하나를 건져 올릴 때의 기쁨 덕분에 3년 내내 즐거웠다.

과학이라는 씨실과 역사라는 날실로 촘촘히 엮어 낸 새로운 『조선왕조실록』의 이야기 속으로 감히 여러분들을 초대한다.

2010년 4월

이 성 규

**차례**

## 제3부 조선의 진기한 기술 그리고 발명

제 1 부

# 조선시대의 기이한 동물

## 01
# 조선시대에 등장한 트랜스젠더 닭

요즘은 남녀 간의 성전환을 마음대로 할 수 있는 시대다. 성전환 수술을 받으면 남자는 여자로, 여자는 남자로 변신할 수 있다. 이와 같이 성전환 수술을 통해 성을 바꾼 사람들을 '트랜스젠더'라고 하는데 외관상으로만 보면 정말 감쪽같다.

> **해괴제 [解怪祭]**
> 조선시대에, 나라에서 이상한 일이 일어났을 경우에 지내던 제사. 궁중 용마루 위에서 부엉이가 울거나 절의 부처가 땀을 흘리거나 하는 일이 있을 때에 지냈다.

그럼 동물들의 세계에도 트랜스젠더가 존재할까. 물론 이 경우에는 인위적인 처치를 하지 않은, 자연 상태에서의 성전환을 일컫는다. 『조선왕조실록』의 기록을 살펴보면 그와 같은 사례가 종종 발견된다. 그런데 묘하게도 조선시대 트랜스젠더의 주인공은 닭에 한정된다.

1437년(세종 19) 충청도 해미현에 사는 강제로라는 사람의 집에서 암탉이 수탉으로 변해 **해괴제**를 행한 것을 시작으로 하여 『중종실록』, 『명종실록』, 『선조실록』, 『인조실록』, 『효종실록』, 『현종실록』, 『숙종실록』, 『영조실록』, 등에 트랜스젠더 닭이 심심찮게 등장한다.

◀닭은 외형과 특성만으로 암수를 명확히 구별할 수 있지만 병아리일 때는 그 차이가 미미하다.

병아리의 암수를 감별하는 전문 직업인을 '병아리 감별사'라고 한다. 병아리는 생후 24시간이 되었을 때부터 암수를 감별할 수 있다. 손으로 병아리의 항문을 열어 그 안에 있는 돌기(생식기)의 형태, 광택, 색상 등을 보고 암수를 판단하는데 그 차이가 아주 미미하여 세심한 관찰력과 집중력을 필요로 한다. 고등 감별사의 자격 기준이 병아리 100수를 7분 이내에 98퍼센트 이상 감별해 내는 것을 연속 5회 이상 성공하는 것임을 볼 때 병아리의 암수 구별이 얼마나 어려운 일인지 짐작할 수 있다.

병아리 감별법은 1925년에 이르러서야 일본에서 연구 발견되어 전파된 것이다. 따라서 조선시대 사람들은 닭이 성장한 뒤 외형과 행태를 보고 암수를 구별할 수밖에 없었다.

옛날 선비들은 닭에게 문(文), 무(武), 용(勇), 인(仁), 신(信)의 5덕이 있다고 했다. 이를 계오덕(鷄五德)이라 일컫는데 머리에 관 같은 볏이 있으니 문이고 발에 있는 날카로운 며느리발톱은 무, 일단 싸움을 시작하면 목숨을 걸고 싸우니 용, 모이가 있으면 구구거려 다른 닭에게 알려 주니 인, 새벽에 홰를 치며 울어서 때를 알리니 신을 가졌다는 것이다.

이 계오덕에 암탉과 수탉의 특징 및 구별법이 잘 드러나 있다. 먼저 머리에 쓴 관인 볏의 경우 수탉은 크고 암탉은 작다. 또 다리 뒤쪽으로 향해 있는 날카로운 며느리발톱은 수탉에게서만 볼 수 있다.

싸움닭의 주무기이기도 한 며느리발톱은 부척골이 돌출한 것으로 발톱과는 다르다. 여성 비하사상을 담고 있는 '며느리'라는 단어에서 연상되듯이 쓸모없는 발톱을 의미하는데 발을 내디딜 때는 소용이 없지만 끝이 예리하고 강인하여 상대방에 대한 공격 무기로서는 그만이다.

새벽에 홰를 치며 우는 것도 수탉뿐이다. 그밖에 수탉은 암탉보다 깃털이 크고 색이 화려하다. 이처럼 닭은 외형과 특성만으로도 암수의 구별이 명확하다. 그런데 『조선왕조실록』의 기록을 보면 이런 모든 특징들이 일시에 바뀌었음을 알 수 있다.

## 암수를 오가는 동물들

1515년(중종 10) 3월 18일의 기록에 의하면 암탉이 수탉으로 변한 상황이 다음과 같이 묘사되어 있다.

"강릉 사람 김문석의 집에, 반쯤 검은 암탉이 2월 초부터 변화하여 수컷으로 되었다. 머리 위의 붉은 볏이 수탉과 매우 같고 목털이 연하고 길며 발이 크고 며느리발톱이 나기 시작하였다. 온 몸이 붉은 수탉이 되어 길게 우는데 우는 소리가 반은 쉬었다."

외형은 완전히 다른 성으로 바뀌었지만 목소리는 여전히 예전 성의 특징을 지니고 있는 트랜스젠더처럼 수탉으로 변한 암탉이 쉰 소리로 울었다니 매우 흥미롭다. 과연 암탉이 저절로 수탉으로 변신하는 게 가능한 일일까.

자연계에서 마음대로 성전환을 하는 동물이 존재하기는 하다. 대표적인 것이 놀래기류의 물고기다. 참색놀래기는 대개 수컷 한 마리가 여러 마리의 암컷을 거느리고 산다. 암컷보다 몸집이 훨씬 큰 수컷은 매우 활발히 움직이며 자신의 영역을 지킨다.

그런데 수컷이 죽을 경우 이상한 현상이 나타난다. 평소 2인자로 행세하던 몸집이 큰 암컷이 서서히 수컷으로 변하기 시작하는 것. 수컷으로 변한 참색놀래기는 평소의 수컷처럼 공격적인 행동을 보임은 물론 다른 암컷에게 구애하는 행동도 서슴지 않는다.

하지만 성전환 수술을 받은 트랜스젠더와 자연산 참색놀래기는 다른 점이 있다. 수컷으로 변신한 참색놀래기의 경우 외관뿐만 아니라 성기능에서도 100퍼센트 수컷이 된다. 이는 참색놀래기의 암컷이 난소와 정소를 함께 지니고 있는 암수한몸이기 때문에 가능하다.

평상시에는 수컷의 공격적인 행동으로 인해 잠재된 정소 부분이 활성화되지 않다가 우두머리 수컷이 죽으면 성호르몬 분비를 조절해 스스로 수컷으로 변신하는 것이다.

이때 암컷 중 제일 힘이 세고 몸집이 큰 한 마리만 재빨리 수컷으로 변신하여 나머지 암컷들의 수컷 변신을 막는다. 그러나 수컷으로 변신한다 해도 다른 곳에서 온 수컷이 무리를 침범하여 그 트랜스젠더 참색놀래기를 제압할 경우에는 다시 암컷으로 되돌아간다. 따라서 놀래기류는 수컷이 종류를 태어날 때부터 수컷인 것과 암컷이었다가 후에 수컷으로 변하는 것의 두 종류로 구분하기도 한다.

한편 짝짓기를 위해 수컷이 교묘하게 암컷으로 변장하는 동물도 있다. 수컷 개체가 훨씬 많이 태어나는 호주 오징어는 힘이 센 수컷이 항상 암컷

◀ 놀래기류는 성장과정에서 성전환을 하는 특징이 있다. 사진은 청소놀래기로도 불리는 참색놀래기.

을 자기 주변에 두고 보호한다. 때문에 덩치가 작은 수컷은 암컷과 짝짓기를 할 기회가 없다. 조금이라도 암컷 가까이 접근했다간 공격을 받기 일쑤이다.

그렇다고 평생 총각으로 살다가 죽을 수도 없는 노릇. 힘이 약한 수컷 호주 오징어들은 대신 변장 기술을 발달시켰다. 1분에 10~15회까지 외모를 순식간에 암컷으로 바꾸는 놀라운 변장 기술로 덩치 큰 수컷 몰래 암컷에게 접근하여 도둑 짝짓기를 시도하는 것이다.

그러나 태어날 때부터 암수한몸도 아니고 호주 오징어처럼 변장 기술도 가지지 않은 닭이 『조선왕조실록』에 기록된 것처럼 성전환을 한다는 것은 사실상 불가능하다. 이는 그 시대의 사람들도 익히 아는 상식이었던 것 같다.

## 암탉이 울면 집안이 망한다

1559년(명종 14) 10월 24일 경상도 의성의 민가에서 암탉이 수탉으로 변한 사건에 대해 실록은 다음과 같이 기록하고 있다.

"천지 사이에 생명이 있는 물건은 태어날 때부터 암컷과 수컷이 정해져 결코 서로 뒤바뀌지 않는 것이니 이는 음과 양의 바꿀 수 없는 정해진 이치이다."

그럼에도 왜 암탉이 수탉으로 변하는 해괴한 이변이 자주 일어났던 것일까. 그 이유는 다음에 이어지는 문구에 잘 드러나 있다.

"『서경(書經)』에 '암탉은 새벽에 울지 않는다. 암탉이 울면 집안이 망한다.'고 하였다. 암탉이 새벽에 우는 것도 오히려 집안이 망한다고 하였는데 더구나 수탉으로 변해 볏과 며느리발톱이 나고 울기까지 하였음에랴."

바로 그것이다. 조선시대 민가에서 가장 많이 기르던 가축인 닭의 변고는 괜히 일어난 게 아니었다. 최고 권력이 집중된 궁궐에서 여성들의 목소리가 지나치게 높았던 때 어김없이 트랜스젠더 닭이 출현하고 있다.

그중 1~2년 사이에 암탉이 수탉으로 변한 기록이 집중된 중종과 명종 때가 그 같은 정황이 잘 드러나는 좋은 사례에 해당된다.

『중종실록』에는 암탉이 수탉으로 변한 기록이 모두 다섯 차례 나타난다. 그중 4회가 1514년(중종 9) 11월 30일부터 1515년(중종 10) 3월 18일까지 약 4개월 동안에 집중되어 있다.

1515년 1월 6일, 한성부에서 두 번째 트랜스젠더 닭이 출현한 지 닷새 후 홍문관 부제학 허굉 등이 연이어 올린 상소문을 보면 왜 그런 변괴가 일어났는지 미루어 짐작할 수 있다. 특히 허굉은 1월 11일에 올린 상소문에서 이렇게 아뢰었다.

"근일에 하늘의 재앙과 사물의 이상한 일이 거듭 나타나고 무더기로 생겨서 두려워하고 삼가는 때인데, 닭의 괴상한 일이 재차 경고를 하고 있습니다. 신 등이 삼가 경방의 『역전(易傳)』의 요괴를 상고하여 보니 '임금이 여자의 말을 듣게 되면 요괴스러운 닭이 생긴다.'고 하였습니다. (중략) 당나라 무후가 황제가 되었을 때 암탉이 수탉으로 변한 일이 두 번이나 있었으며 위후가 정사를 제 마음대로 하니 발이 셋인 닭이 생겼습니다."

허굉 등이 이런 상소문을 올린 직접적인 이유는 당시 진행되고 있던 후궁의 간택을 막기 위해서였다. 그때 중종은 모후인 자순대비의 뜻에 따라

숙의를 간택한다는 전교를 불과 일주일 전에 내린 상황이었다.

이에 대해 허굉은 1월 11일에 올린 같은 상소문에서 숙의 간택에 반대하고 있다.

"내리신 교지(教旨)를 삼가 보건대 처녀를 골라서 후정(後庭)을 갖춘다고 하오니 이것은 비록 계사를 많게 하려고 해서 명령하신 것이나 지금은 바야흐로 경계하고 두려워하고 자제하고 피해 계시는 중입니다. (중략) 더구나 전하의 춘추가 바야흐로 한창이시고 좌우의 빈첩이 없지 않으시며 금지옥엽이 장차 번성할 것인데 어찌해서 갑자기 계사가 번성하지 못할 것을 근심하여 대신의 경계를 무시하시고 이 일을 꼭 하려 하는 것입니까?"

자고로 임금의 자손이 번성해야 왕실의 위엄이 서고 정세가 안정된다. 그런데 후궁을 들이려는 왕의 전교에 왜 신하들이 반대하고 나선 것일까. 미루어 짐작컨대 그들이 겨냥한 것은 임금이 아니라 요괴스러운 닭을 만들 만큼 목소리가 높았던 궁중 내의 암탉이었던 것 같다. 그렇다면 그 암탉은 과연 누구였을까.

반정으로 연산군이 폐위된 뒤 추대된 중종은 생전에 3명의 왕후와 9명의 후궁을 두었다. 첫 번째 부인인 단경왕후 신씨와는 열한 살이 되던 해인 1499년에 가례를 올렸다. 하지만 중종반정의 와중에서 단경왕후의 아버지인 신수근이 반정 세력에 의해 참살당했다. 연산군을 내쫓고 중종을 추대하자는 반정 세력의 음모에 신수근이 동조하지 않았기 때문이다.

반정에 성공하면 딸이 왕후에 올라 자신의 위상이 높아질 수 있는데 그는 왜 반대했던 것일까. 그것은 연산군의 정비인 폐비 신씨가 바로 신수근의 누이였기 때문이다. 누이냐 딸이냐 선택해야 하는 갈림길에서 그는 결코 누이의 몰락을 두고 볼 수 없었던 모양이다.

거사에 성공한 후 반정 세력들은 보복이 두려워서 왕후가 된 신수근의 딸 단경왕후를 내쫓았다. 그 후 왕비에 책봉된 이는 장경왕후 윤씨였다.

한창 암탉의 변괴가 진행되던 그때 장경왕후는 출산을 앞두고 있는 몸이었다. 그럼 자순대비가 중종에게 후궁을 간택하라고 독촉한 것은 장경왕후를 견제하기 위해서였을까. 그 당시의 정세를 보면 그런 것 같지는 않다.

계비(繼妃, 임금이 다시 장가를 가서 맞은 아내)로 간택된 장경왕후는 심성이 착해서 늘 시어머니인 자순대비의 칭찬을 받곤 했다. 더구나 왕비에 책봉된 지 이태 만에 왕손을 잉태한 상황이었다. 그럼 자순대비는 왜 후궁을 간택하라고 한 것일까.

당시 중종은 임금이 된 지 10년이 되었으나 왕자라고는 후궁인 경빈 박씨가 낳은 복성군뿐이었다. 중종반정 초기에 궁중으로 들어왔던 경빈 박씨는 경상도 상주에 사는 퇴락한 양반인 박수림의 딸이었다. 그러나 궁중으로 들어온 뒤 먼 친척뻘 되는 박원종의 수양딸이 되었다.

박원종은 연산군을 내쫓은 반정 세력의 주축 인물로서 중종을 왕위에 오르게 한 1등 정국공신이었다. 게다가 경빈 박씨는 빼어난 미모로 중종의 사랑을 독차지하고 있었다. 복성군이 잘생기고 똑똑하여 그녀는 마음속으로 은근히 아들을 세자로 책봉시키기 위한 야망을 품고 있었다.

이런 정세로 보아 자순대비가 후궁을 다시 들이라고 중종에게 청한 것은 아마 경빈 박씨를 견제하기 위해서였을 것이다. 그런데 뜻밖의 일이 벌어졌다. 임신 중이던 장경왕후가 1515년 3월 초 원자(후에 인종)를 출산했으나 산후병으로 7일 만에 죽고 말았다.

그러자 후궁을 들이려던 논의는 새로운 계비의 간택으로 바뀌게 되었고 1517년 영돈녕부사 윤지임의 딸인 문정왕후 윤씨가 왕비에 책봉되었다. 하

지만 그 후로도 경빈 박씨와 자순대비 간의 눈에 보이지 않는 알력은 계속 이어졌다.

▲ 정암 조광조 적려유허비. 기묘사화로 전남 화순에 귀양왔던 조광조를 추모하고자 세웠다. 적려란 귀양이나 유배를 뜻하며 유허란 오랜 세월 쓸쓸하게 남아 있는 옛터를 말한다.

반정을 주도한 공신 세력에 밀려 정국의 주도권을 잡지 못하고 있던 중종은 그들을 견제하기 위해 신진 사림 세력인 조광조를 조정의 요직에 앉혔다. 그러나 남곤, 심정, 홍경주 등의 공신들과 모의한 경빈 박씨는 희빈 홍씨를 사주하여 계략을 꾸민다.

후원의 나뭇잎에 꿀을 묻힌 다음 벌레들이 갉아먹게 하여 주초위왕[走肖爲王, 조(趙)씨가 왕이 된다는 뜻]이란 글씨가 선명히 드러나게 한 것. 그리고 조광조가 나라의 일을 마음대로 처리한다는 소문을 장안에 퍼뜨리고 다녔다.

마침 조광조의 급진적 성향에 피로감을 느끼고 있던 중종은 그 사건을 계기로 1519년 기묘사화를 일으켜 조광조 등의 신진 사림 세력을 척결해 버린다.

## 트랜스젠더 닭은 왜 나타나는가

그 후 1527년 세자가 거주하는 동궁의 은행나무에 아주 흉측한 쥐의 사체가 내걸렸다. 사지와 꼬리가 잘리고 입, 귀, 눈은 불로 지진 상태였다. 이것이 바로 세자를 저주한 **'작서의 변'**인데 평소 복성군을 세자로 올려 세

우려던 경빈 박씨가 범인으로 지목되었다.

경빈을 사랑했던 중종은 19번이나 상소를 물리쳤으나 결국 조정 신하들과 자순대비의 뜻에 따라 경빈 박씨와 복성군을 서인으로 강등시켜 쫓아내고 만다. 그 뒤 작서의 변이 자신의 정치적 숙적들을 제거하려는 김안로와 그의 아들 김희의 소행임이 밝혀졌지만 경빈 박씨 모자는 이미 사약을 받고 죽은 후였다.

> **작서(灼鼠)의 변(變)**
> 복성군의 옥사(獄事)를 말한다. 1527년 2월 세자(뒤의 인종) 생일에 쥐를 잡아 사지와 꼬리를 자르고, 입·귀·눈을 불로 지져서 동궁의 북정 은행나무에 걸어 세자를 저주한 사건이 일어나자, 김안로 등은 이것을 복성군을 세자로 책봉하려는 경빈의 짓이라 하여, 경빈과 복성군의 작호를 빼앗아 서인이 되게 하였다. 1533년에는 모자에게 사약을 내렸다. 1541년에 이 사건을 조작한 자가 김안로의 아들 김희라는 것이 밝혀져, 경빈과 복성군의 원한은 풀렸다.

경빈 박씨가 중종의 총애를 받았음에도 장경왕후의 사후에 중전의 자리에 오르지 못한 것은 갓 태어난 원자를 보호하려는 자순대비의 견제 때문이었다. 또한 작서의 변으로 경빈 박씨가 쫓겨나 죽임을 당하게 된 배후에도 중종의 결심을 이끌어낸 자순대비의 집요한 채근이 있었다.

궁중 내에서 벌어진 두 여인의 이런 암투를 경고하는 메시지로 등장한 것이 바로 트랜스젠더 닭이었다. 중종 대에 벌어졌던 궁궐 내의 이 암투는 훗날 명종 대의 암탉 성전환 변괴 사건으로까지 이어졌다.

장경왕후에 이어 중종의 두 번째 계비로 책봉된 문정왕후는 1534년에 경원대군(훗날의 명종)을 낳았다. 장경왕후가 낳은 인종이 1545년 7월 즉위한 지 9개월 만에 후사 없이 세상을 떠나자 경원대군이 열두 살의 나이로 왕위에 오르게 된다.

어린 아들 대신 수렴청정을 시작한 문정왕후는 막강한 권력을 행사하며 정권을 잡고 뒤흔들었다. 승려 보우를 앞세워 불교진흥책을 펼쳐 조정 대신들의 반발을 사는가 하면 친동생인 윤원형은 조정의 권력을 독차지하여 전

횡을 일삼았다.

1553년(명종 8) 명종이 성년이 된 후 모후의 수렴청정이 거두어지고 왕의 친정이 시작되었으나 문정왕후는 그 후로도 계속 정사에 간섭을 하며 권력을 놓지 않았다. 심지어 자신의 의견이 수용되지 않을 경우 명종을 불러 욕을 해 대는가 하면 어미 말을 듣지 않는다며 왕의 종아리에 매질을 하기도 했다.

명종 대에 기록된 암탉의 성전환 변이 사건은 모두 5건인데 그중 4건이 1557년(명종 12)부터 1559년(명종 14)에 집중되어 있다. 그 기록으로 볼 때 당시 왕의 모후와 그 외척들이 얼마나 나라를 뒤흔들어 놓았는지 미루어 짐작할 수 있다.

## 02
# 흰 까마귀와 알비노

까악 까악 하며 울어대는 까마귀는 그 특유의 울음소리와 검은색 때문에 곧잘 불길한 징조로 인식된다. 오행 중 북쪽을 가리키는 검은색이 죽음과 어둠을 상징하기 때문이다.

알프레드 히치콕 감독의 대표작인 〈새〉에서도 까마귀는 영화 전반부의 불길한 징조를 이끌어가는 흉조로서의 이미지를 유감없이 발휘한다. 또 건망증이 심한 사람에게 우리는 곧잘 '까마귀 고기를 삶아 먹었다'고 말한다. 까마귀의 검은색과 먹통을 연관시킨 비유이다.

이처럼 불길함의 상징인 까마귀가 1469년(예종 1) 2월 궁궐의 후원에 날아들었다. 특이하게도 그 까마귀는 온몸의 털이 흰색이었다. 까마귀가 궁궐에 나타난 것도 좋지 않은 징조인데 그것도 검은색이 아닌 흰색이라니 이 무슨 변고일까.

예종은 즉시 "요사이 흰 까마귀가 후원에 날아와서 모이는 것이 있으니 이는 반드시 나의 과덕한 소치이므로 깊이 스스로를 꾸짖는다."는 전교를

승정원에 내렸다. 자신이 백성을 잘 다스리지 못하여 그 같은 흉조가 궁궐에 날아들었다는 자책이었다.

그러나 임금의 이 같은 염려에 대해 신하들은 전혀 다른 반응을 보였다. 흰 까마귀가 출현한 것은 나쁜 일이 아니라 상서로운 징조라는 해석을 내놓은 것이다. 중국 남송시대의 왕응린이 편찬한 『옥해(玉海)』에 실린 "정성이 종묘에 감동되면 흰 까마귀가 이른다."는 고사를 언급하며 도리어 "진실로 세상에 드문 경사이므로 감히 하례를 드립니다."는 축하의 말을 임금에게 아뢰었다.

다음 날 영의정 한명회는 백관을 거느리고 길복 차림으로 흰 까마귀를 하례하며 다음과 같은 말로 임금을 칭송했다.

"착한 임금이 왕위를 이어서 효성이 지극히 돈독하셔서 신령한 물건이 영검하여 밝고 큰 상서로움을 주니, 일이 간책에 빛나고 기쁨은 땅에 넘칩니다."

어떻게 불길함의 상징인 까마귀의 출현을 놓고 그처럼 온 나라가 기뻐했을까. 그것은 검은색이 아닌 흰색 까마귀였기 때문이다. 예로부터 아시아 문화권에서는 원래의 색이 아니라 특별히 흰색을 지닌 동물을 상서로운 동물로 여겼다.

◀ 온몸이 새하얀 털로 뒤덮인 흰 까마귀.

## 왕에 따라 달라지는 흰색 동물의 팔자

제주도 한라산의 백록담(白鹿潭)은 옛날 선인들이 그곳에서 흰 사슴으로 담근 술을 마셨다는 전설에서 유래한 명칭이다. 즉 흰 사슴은 신선과 함께 뛰어놀 정도로 상서롭고 신비한 동물이었던 셈이다. 또 신선이 타고 다녔다는 백호는 청룡, 주작, 현무와 함께 하늘의 사신(四神)으로 여겨질 만큼 상서로움을 상징하는 대표적인 동물이었다.

동양철학의 음양오행설에 의하면 흰색은 계절로는 가을을 상징한다. 따라서 흰색 동물의 출현은 우주의 가을이 다가왔음을 의미하는 것으로 풍요와 수확의 세상이 다가온 것으로 해석할 수 있다. 또한 흰색은 출산을 상징하며 백의민족인 우리의 이미지와도 딱 들어맞는다.

이런 여러 가지 이유로 흰색 동물은 길조의 상징으로 대접받았는데 『조선왕조실록』의 기록을 살펴보면 반드시 그런 것만도 아니었다.

흰색 동물에 대한 기록은 조선 초기, 특히 세종과 세조 대에 자주 등장한다. 하지만 세종과 세조의 흰색 동물에 대한 태도가 완연히 달랐다는 점이 매우 흥미롭다.

1428년(세종 10) 10월 4일 평안도 감사가 흰 꿩을 바치니 여러 신하들이 나가 세종에게 하례를 올렸다. 그러나 세종은 이들의 축하를 끝내 받아들이지 않았다. 그 후에도 경상도에서 올라온 흰 암소와 흰 까치에 대해 신하들이 하례를 올렸지만 세종은 윤허하지 않았다.

1445년(세종 27) 8월 8일 평안도 감사가 강계부에서 흰 노루를 잡았다고 보고했을 때 세종이 한 말을 보면 흰색 동물에 대한 세종의 인식이 어떠했는지 잘 알 수 있다.

◀ 백호는 청룡, 주작, 현무와 함께 하늘의 사신으로 여겨졌다.

**사복시(司僕寺)**

고려·조선시대 궁중의 가마, 마필(馬匹), 목장 등을 관장한 관청. 국초에 태봉(泰封)의 비룡성 제도를 계승하여 태복시(太僕寺)라 하던 것을, 1308년(충렬왕 34)에 이 이름으로 고쳤다. 그 뒤 다시 태복시(1356), 사복시(1362), 태복시(1369)로 번갈아 개칭되다가 1372년(공민왕 21) 사복시로 다시 고쳐 조선에 계승되었다.

"전에 흰 노루를 과천에서 보았다고 하는 사람이 있어 **사복시**에서 가서 잡으려 하기에 내가 허락하지 않았다. 지금 흰 노루도 우연히 나온 것이니 와서 드리게 하지 말고 또 예조에서 알아서 번거롭게 와서 하례하지 말게 하라."

이에 비해 어린 조카를 몰아내고 왕위를 찬탈한 세조의 태도는 좀 달랐다. 1458년(세조 4) 9월 11일 강령현감인 김처례가 흰 사슴을 바치고 세조를 칭송하는 글을 지어 올렸다. 그 글은 누가 봐도 임금에게 아첨하는 내용이었지만 김처례는 얼마 지나지 않아 겸지병조사에 임명되었다.

그러자 '짝퉁 흰 사슴'이 세조에게 진상되는 해프닝이 벌어지기도 했다. 1466년(세조 12) 5월 12일 경상도 관찰사 함우치가 흰 사슴 2마리를 세조에게 바쳤다. 그러나 그는 김처례처럼 출셋길에 오르지 못했다. 서울에 당도할 즈음 사슴들이 털갈이를 하여 새 털이 나왔는데 누렇고 붉은 빛깔의 사슴이 되어 버리고 만 것이다. 이에 세조는 흰 사슴이 아니라며 창덕궁의 후원에 그 사슴들을 놓아기르게 했다.

한편 연산군 때의 흰 꿩 사건은 예종 때의 흰 까마귀 사건과 비교되는 흥미로운 사례이다. 1503년(연산군 9) 8월 29일 경상도 감사 이점이 연산군에게 흰 꿩을 진상했다. 예전의 경우를 보면 신하들이 임금에게 당연히 하례를 드려야 했지만 이때는 정반대의 상황으로 치달았다.

유희철과 서후는 연산군에게 다음과 같이 아뢰었다.

"이점이 진상한 것을 상서라고 한다면 그 폐단이 반드시 아름다움을 자랑하게 될 것이요, 진기한 새라고 한다면 인군이 물건에 정신 팔려 뜻을 잃게 할 것인데, 감히 진상하니 이는 아첨하는 것입니다. 대체로 간사한 신하는 혹은 개와 말, 혹은 진기한 새, 혹은 상서라는 것으로 인군의 욕심을 노리고 맞추어 은혜를 바라고 총애를 굳히는 것이니 죄를 주기 바랍니다."

연산군은 당연히 이점을 두둔했지만 신하들은 끈질기게 물고 늘어졌다. 흰 꿩이 상서가 아님을 알면서도 감히 진상했으니 국문하여 죄를 물어야 한다고 입을 모았다. "이점이 흰 꿩을 올린 것은 무심코 한 일."이라며 버티던 연산군도 끝내 그해 10월 13일 이점을 해임시켰다.

그러나 연산군은, 이점의 해임은 흰 꿩을 바친 것 때문이 아니라 수재와 한재를 숨기고 보고하지 않았으며 또 대간(臺諫 : 관료를 감찰 탄핵하는 임무를 가진 대관과 국왕을 논박하는 임무를 가진 기관을 합쳐 부른 말)의 논박을 받은 것이 이유라는 점을 분명히 짚고 넘어갔다. 연산군 때의 흰 꿩 사건이 예종 때와 전혀 다르게 전개된 것은 그 당시의 정치적 상황으로 비교 설명해 볼 수 있다.

세조의 둘째 아들로서, 형인 의경세자가 잠을 자다 갑자기 죽은 뒤 세자에 책봉된 예종은 어릴 때부터 몸이 몹시 약했다. 때문에 그는 열아홉 살에 즉위했으나 다음 해 세상을 떠나고 말았다. 예종 때의 흰 까마귀 출현

은 이처럼 몸이 약한 왕의 의지를 북돋을 수 있는 좋은 기회였다.

더구나 예종이 즉위한 후의 치세는 어머니인 정희왕후의 수렴청정과 원상제도라는 두 가지 장치를 중심으로 하여 이루어지고 있었다. 원상제도란 세조가 죽기 전에 마련한 신하들의 섭정제도로서, 선대 왕이 지명한 원로 중신들이 후대 임금을 도와 국사를 처리하는 제도였다.

세조가 죽기 전에 원상제도의 중심으로 지목한 중신은 한명회, 신숙주, 구치관 등이었다. 따라서 흰 까마귀의 출현은 예종을 도와 나랏일을 처리하고 있던 당시 정치세력에게는 자신들의 업적과 태평성대를 알릴 수 있는 좋은 기회가 되었던 셈이다.

이에 비해 폭정과 비행을 일삼은 연산군 때의 흰 꿩 출현은 모든 신하들에게 당연히 반갑지 않은 일이었을 것이다.

## 범인은 바로 멜라닌

흰색 동물을 길조의 상징으로 여겼던 조선 사회에서도 이와 같이 시대적 상황과 임금에 따라서 각각 다른 상황이 전개되었다. 흰색 동물의 과학적 정체를 알면 왜 이처럼 정치적 상황에 따라 다른 대접을 받을 수 있었는지에 대한 이해가 더욱 분명해진다.

같은 종들의 색과는 전혀 다른 흰색 동물은 바로 유전자의 돌연변이에 의해 탄생하는 알비노 동물이다. 지금까지 세계에서 가장 널리 알려진 알비노 동물은 스페인의 바르셀로나 동물원에서 37년 동안이나 살았던 '눈송이'라는 이름의 고릴라였다.

1966년 10월 1일, 아프리카에서 인구가 가장 적은 나라인 적도기니공화국의 한 농부는 농장에 침입한 두 마리의 고릴라를 총으로 쏘아 죽였다. 잠시 후 그 농부는 자신의 손에 부모를 잃고 졸지에 고아가 되어 버린 새끼 고릴라를 발견하고는 깜짝 놀라고 말았다. 새끼 고릴라의 털이 온통 흰색이었기 때문이다.

▲ 알비노 고릴라 '눈송이'.
© Ettore Balocchi

'눈송이(snowflake)'라는 이름이 붙여진 그 새끼 고릴라는 그 후 바르셀로나 동물원으로 옮겨져, 세계에서 가장 사진을 많이 찍힌 고릴라로 기록될 정도로 바르셀로나 시민들의 사랑을 받았다. 눈송이는 바르셀로나 동물원에서 2003년 11월에 숨을 거둘 때까지 22마리의 후손을 남겼다. 하지만 그중에 자신처럼 하얀색 털을 지닌 알비노 고릴라는 한 마리도 없었다.

알비노란 피부, 털, 눈동자 등에 색소가 생기지 않는 백화 현상을 지닌 개체를 가리킨다. 라틴어로 '하얗다'라는 뜻을 지닌 단어 '알부스(albus)'에서 유래한 말로 우리말로는 '백색증'이라고 한다.

눈송이와 같은 알비노 동물은 어쩌다 온몸이 하얗게 되었을까. 동물의 피부, 털, 눈동자의 색깔은 검은 갈색 또는 검정색을 띠는 유기화합물 색소인 멜라닌에 의해 나타난다. 멜라닌은 멜라노사이트라 불리는 세포에서 티로시나아제라는 효소에 의해 만들어지는데 이때 멜라닌의 양에 따라 피부가 황갈색이나 흑갈색을 띠고 양이 적을수록 색이 엷어진다.

그런데 유전자 돌연변이에 의해 티로시나아제의 형성이 불가능하게 되면 멜라닌 색소가 만들어지지 않아 온몸의 피부와 털이 흰색을 띠게 된다. 바로 이것이 백색증이라 불리는 알비노증이다.

따라서 조선시대에 등장한 흰색동물이나 바르셀로나 동물원의 눈송이는 멜라닌을 선천적으로 만들어낼 수 없는 유전병을 안은 채 태어난 돌연변이 동물일 뿐이다. 사람의 경우 인종마다 피부색이 다른 것도 멜라닌 세포의 크기와 거기서 만들어지는 멜라닌의 양이 각기 다르기 때문이다.

## 한국인은 선글라스가 필요 없다?

이처럼 피부색을 결정하는 멜라닌은 생체에 꼭 필요할까. 멜라닌의 제일 큰 역할은 일정량 이상의 자외선을 차단하는 것이다. 예를 들면 햇빛에 오래 노출되었을 때 피부가 타는 것은 멜라닌 세포가 자극을 받아 멜라닌을 증가시키기 때문인데 이렇게 증가한 멜라닌이 햇빛으로부터 자외선을 흡수하여 피부를 보호한다.

하지만 알비노증을 앓고 있는 경우에는 아무리 햇빛에 그을려도 멜라닌 색소가 없으므로 피부가 검게 그을리지 않는다. 때문에 알비노 동물들은 햇빛에 매우 민감하며 오래 노출될 경우 화상을 입을 수 있다. 또 자외선을 차단하지 못하므로 피부암에 취약한 특성을 지닌다.

바르셀로나 동물원에서 관람객들의 사랑과 관심을 독차지하며 호강을 누리던 눈송이의 직접적인 사인도 바로 '피부암'이었다.

알비노증이 있으면 피부색만 흰 것이 아니다. 머리털, 눈썹, 속눈썹 등 모든 털이 희다. 또 색소 침착이 안 된 맥락막의 혈액에 빛이 반사되어 눈의 홍채는 분홍색, 동공은 진홍색을 띠게 된다. 따라서 눈으로 들어오는 빛의 양을 조절하지 못해 밝은 곳에서는 눈이 몹시 부시게 된다.

때문에 알비노들은 햇빛으로부터 피부와 눈을 보호하기 위해 긴팔 옷과 선글라스를 착용해야 한다. 댄 브라운의 베스트셀러 소설인 『다빈치코드』에서 오푸스데이의 냉혈한 암살자 사일러스가 늘 어두운 망토 속에 자신을 감추고 다니는 것도 바로 알비노이기 때문이다. 또한 흑인이나 동양인보다 멜라닌 색소가 적은 푸른 눈의 서양인들이 선글라스를 많이 착용하는 것도 같은 원인이다.

우리가 주변에서 흔히 볼 수 있는 알비노 동물로는 흰쥐와 흰토끼가 있다. 하지만 이들은 유전학적으로 열성을 보이는 돌연변이가 아니라 정상 형질의 유전자를 지닌다.

흔히 토끼 눈이 빨갛다고 하는 것은 이 알비노의 흰토끼들을 가리킨다. 멜라닌 색소가 없어서 눈 밑의 혈관이 비치기 때문에 눈이 빨갛게 보이는 것이다. 따라서 모든 토끼의 눈이 다 빨갛지는 않고 정상적인 토끼의 경우에는 밤색 눈을 지닌 개체가 더 많다.

그럼 알비노를 탄생시키는 유전자 돌연변이는 왜 일어나는 것일까. 아직 정확한 원인은 밝혀지지 않았다. 다만 동물학자들 사이에서는 아비와 딸, 어미와 아들, 남매간의 근친교배가 잦은 곳에서 많이 발생하는 것으로 추정하고 있다.

예를 들면 혈족 결혼을 많이 하는 아메리카 대륙의 '백색 인디언' 같은 집단이 대표적인 사례이다. 적은 수의 동물끼리 모여 살아 근친교배가 자주 이루어지는 동물원에서도 알비노 동물이 자주 발생하는 편이다.

## 흰색 동물을 반긴 진짜 이유

이렇게 볼 때 상서로운 징조로 기록된 『조선왕조실록』 속의 흰색 동물은 사실상 이루어질 수 없는 사랑의 산물 속에서 태어난 유전자 돌연변이 동물인 셈이다. 그럼 동물원에서 호사를 누렸던 '눈송이'가 자연에서 그 모습대로 살았다면 과연 어떻게 되었을까.

알비노 동물들은 동물 세계에서 상서로운 영물로 대접받기는커녕 약육

강식의 먹이사슬에서 금방 도태되어 버리고 만다. 우선 보호색이 아닌 흰색을 지니고 있으니 천적의 포식자들에게 쉽게 발각되어 목숨을 오래 부지하기 힘들다.

특히 무리 생활을 하는 동물일 경우 알비노 동물은 그 같은 이유로 집단에서 배척당한다. 반대로 사냥을 해서 먹고사는 육식동물의 경우 먹이 동물에의 접근이 쉽지 않다는 불편이 따른다. 또한 특이한 외모로 인해 짝을 구하기 힘들어 후손을 만들기도 쉽지 않다. 야생동물의 경우 특히 외형적인 건강함이 짝짓기 상대의 선택 기준이 되기 때문이다.

그런 점에서 우리 선조들이 흰색 동물을 반기고 상서로운 징조로 여겼던 또 다른 이유를 상상해 볼 수도 있다. 그것은 어쩌면 자연계에서의 생존 경쟁력이 약한 알비노 동물을 보호하기 위한 따뜻한 배려가 아니었을까.

# 03
# 두 번이나 귀양을 간 조선의 코끼리

코의 옛말은 '고'였다. 감기를 일상적으로 이르는 말인 '고뿔'은 코에 불이 났다는 의미에서 유래되었다. 한편 코끼리의 옛말은 '고키리'다. 고에 히읗 종성이 붙은 '곻기리'가 변한 것으로서, 이는 '고'에 길다의 '길'과 어미 '이'가 붙여진 말이다. 즉 '코가 긴 짐승'이라는 뜻이 바로 코끼리다.

알다시피 우리나라는 코끼리의 서식지가 아니다. 요즘에야 동물원이나 그림책에서 수없이 코끼리를 볼 수 있지만 열대 지방에 사는 코끼리를 보기 힘들었을 우리 조상들은 코끼리의 코가 길다는 사실을 어떻게 알았을까.

## 코끼리, 살인죄로 귀양가다

먼 이국의 동물로만 여겨졌던 코끼리가 우리나라에 그 모습을 처음 선보인 것은 1411년(태종 11) 2월이었다. 같은 해 2월 22일 실록에는 일본 국왕이던 원의지(源義持)가 사신을 보내 태종에게 코끼리를 선물로 바쳤다는 기사가 실려 있다. 일본 역시 코끼리가 서식하는 곳이 아닌데 대체 어떻게 된 일이었을까.

그 코끼리는 당시 항국(港國: 현재의 인도네시아)이라는 나라의 왕이 일본과 국교를 맺기 위해 일본 국왕에게 보낸 선물이었다. 일본의 우에노 동물원장이 쓴 책에 의하면 "1408년 6월 22일 코끼리 한 마리가 일본으로 들어와 조선 국왕에게 바쳐졌다."라고 기록되어 있다.

즉 항국으로부터 받은 선물을 일본 국왕이 살짝 포장지만 바꿔서 3년 후 다시 조선에 선물한 셈이다. 그런 내막을 알 길이 없었던 태종은 기꺼이 그 희한한 선물을 받았고 사복시에서 맡아 기르라는 명을 내렸다.

인도네시아에서 보내온 코끼리라면 당연히 아시아 코끼리일 것이다. 대체로 아시아 코끼리는 몸길이가 약 3미터에 이르고 몸무게는 3톤에 육박한다. 또 아프리카 코끼리에 비해 귀가 작고 상아도 훨씬 짧은 편이다. 그에 비해 아프리카 코끼리는 몸길이 약 3.5미터에 몸무게는 4~5톤에 이를 만큼 몸집이 훨씬 크다.

조선에 들어온 코끼리는 당연히 어릴 때부터 사람에게 길들여진 코끼리

▲ 아시아 코끼리(왼쪽)와 아프리카 코끼리(오른쪽).

였다. 그런데 길들여진 코끼리의 경우 가격이 매우 비싸서 코끼리의 왕국인 인도에서도 왕족이나 귀족들만이 소유할 수 있었다. 그러나 코끼리를 소유할 정도가 되려면 귀족 중에서도 재산이 아주 많은 귀족이어야 했다. 몸집이 큰 만큼 많이 먹는 코끼리를 사육하는 데 드는 비용이 엄청났기 때문이다.

따라서 인도에서는 왕이 자신의 마음에 안 드는 귀족이 있을 경우 코끼리를 선물했다고 한다. 왕이 하사한 코끼리이니 마음대로 처분할 수도 없고 잘 보살펴야 하는데 막대한 사육 비용을 감당할 능력이 안 될 경우 파산할 것이 불 보듯 뻔했으니 말이다.

아무튼 고향을 떠나 일본을 거쳐 조선이라는 낯선 땅까지 옮겨 온 코끼리는 처음엔 그런대로 대접을 잘 받았다. 임금이 타는 말인 어승마들 사이에 섞여서 하루에 콩 네댓 말씩과 여물을 먹으며 아쉬움 없이 지냈다.

그런데 일은 엉뚱한 곳에서 터졌다. 다음 해인 1412년 12월 10일 공조전서를 지낸 전직 관리 이우(李瑀)는 코끼리를 구경하기 위해 사복시에 들어갔다. 직접 보니 참 희한한 동물이었다. 소 같은 몸통에 나귀 같은 꼬리가 달렸고 거기다 귀는 어찌나 큰지 구름장처럼 드리워져 있었다. 또 애벌레의 몸통처럼 구부려졌다 펴지는 커다란 코는 정말 가관이었다.

이우는 그 모습을 보며 침을 몇 번이나 퉤퉤 뱉으며 한껏 비웃었다. 그러자 멀뚱멀뚱 서 있던 코끼리가 갑자기 달려들었다. 순식간에 벌어진 일이라 미처 피할 새도 없이 이우는 코끼리의 그 육중한 발에 짓밟혀 죽고 말았다.

정3품의 전직 관리를 죽인 코끼리에 대한 판결은 1년이나 지난 1413년(태종 13) 11월 5일에 내려졌다. 병조판서 유정현이 임금 앞으로 나가 전라도 순천의 장도(獐島)로 코끼리를 귀양 보내자고 아뢰니 태종은 웃으면서 그대로 따랐다.

## 코끼리는 왜 공격했을까

야생 상태의 코끼리는 나이 많은 암컷을 우두머리로 해서 10마리 정도 무리지어 사는 모계중심사회 생활을 한다. 암컷 우두머리는 새끼는 물론 무리의 구성원들을 모두 긴 코로 어루만지는 등 항상 애정을 표현하며, 상처를 입거나 병든 코끼리도 따뜻하게 보살핀다.

서로에 대한 이런 세심한 보살핌 덕분인지 코끼리는 큰 몸집에 비해 매우 온순한 성미를 지니고 있다. 사실 코끼리에 대적할 만한 포식동물은 없다. 호랑이나 사자 같은 맹수도 코끼리 앞에서는 어쩌지 못한다. 코끼리의 우두머리는 사자나 호랑이가 눈에 띌 경우 무리 중의 수컷들과 함께 긴 코와 육중한 몸으로 위협을 가해 그들을 멀리 쫓아 버린다.

하지만 지상 최대의 몸집을 지닌 코끼리라고 해서 완전한 안전을 보장받는 것은 아니다. 새끼 코끼리의 경우 맹수들에게 좋은 먹잇감에 불과하다. 실제로 1950년대 미얀마의 새끼 코끼리 중 4분의 1이 호랑이에게 죽음을 당했다는 보고도 있다.

다 자란 힘센 코끼리라 할지라도 결코 난공불락은 아니다. 무리에서 떨어져 혼자 있을 경우 코뿔소나 물소의 뿔에 치명적인 상처를 입기도 하고 오랫동안 굶주린 사자 떼나 하이에나 떼에게 희생당할 수도 있다. 또 악어나 왕코브라 같은 동물에게 코를 물려 죽는 코끼리도 종종 있다.

이와 같은 특수한 경우를 제외하면 코끼리는 상대방을 공격할 필요가 없는 유순한 초식동물일 뿐이다. 하지만 자신들의 먹이인 숲이 파괴될 경우에는 이야기가 달라진다. 인도네시아 수마트라에서는 인간들의 벌목으로 숲이 파괴되자 야생 코끼리들이 마을을 습격해 인간을 공격하고 곡식을 약탈해 간 사건이 있었다.

공격의 이유로 또 하나 의심해 볼 수 있는 것은 코끼리의 민감한 청력이다. 이우를 밟아 죽인 코끼리 사건에서도 코끼리의 청력이 의심된다. 코끼리는 초저음파로 대화를 나눌 수 있다. 인간의 최저 가청음은 약 30헤르츠인데 비해 코끼리는 무려 12헤르츠의 낮은 음으로 의사소통을 한다.

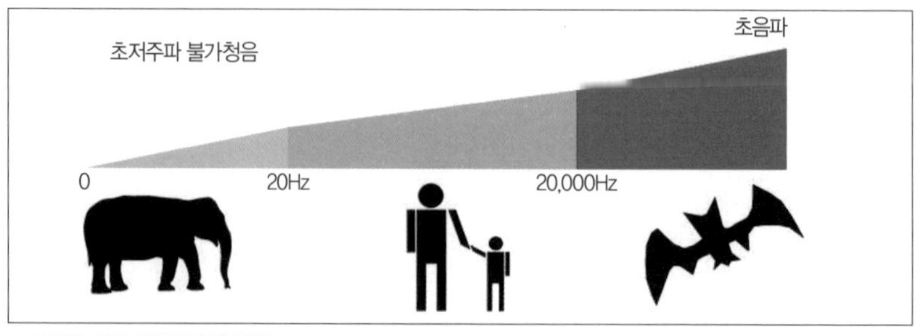

▲ 코끼리, 인간, 박쥐의 청음 영역.

때문에 바닷물이 움직이는 소리나 해저의 지진 소리 등 자연이 내는 초저음파도 들을 수 있다. 2004년 약 30만 명의 실종자와 사상자를 낸 동남아의 지진해일 때도 태국에서 사육 중이던 코끼리들이 모두 산으로 달아나는 이상 행동을 보인 적이 있었다.

사복시의 코끼리가 갑자기 이우를 공격한 것은 혹시 소리에 매우 민감한 코끼리의 특성 때문이 아니었을까. 혀를 끌끌 차며 자신을 비웃는 이우의 목소리를 감지하고 더 이상 참을 수 없는 공격 본능이 터져 나왔을 거라는 가능성도 배제할 수 없다.

## 코끼리에 대한 연구들

코끼리의 지능지수는 50~70 정도로, 인간으로 치면 두세 살 난 아이들과 비슷한 수준으로 알려져 있다. 하지만 지능지수란 어디까지나 인간들의 관점에서 바라본 것일 뿐 실제로 코끼리들이 얼마만 한 지적 능력을 지녔는지는 알 수가 없다.

2006년 미국의 야생동물보호협회 연구팀은 뉴욕 브롱크스 동물원에서 살고 있는 해피라는 이름의 아시아 코끼리 앞에 거울을 비춰 주었다. 그러자 해피는 긴 코로 자신의 이마를 자꾸 건드렸다.

왜냐하면 해피의 이마에는 연구팀이 미리 그려 넣은 이상한 표시가 있었기 때문이다. 그 표시는 해피의 눈 위에 그려져 있어서 직접 볼 수는 없지만 거울을 통해서는 볼 수 있으므로 해피가 그런 행동을 취한 것이다. 이는 해피가 거울에 비친 상을 다른 개체의 코끼리가 아니라 자신으로 인식

◀ 코끼리는 거울에 비친 자신을 모습을 인식할 만큼 영리하다.

한다는 의미다.

거울에 비친 모습을 자기 자신이라고 인식할 수 있는 동물은 침팬지, 고릴라, 오랑우탄 같은 유인원과 돌고래뿐이다. 만물의 영장이라 불리는 인간도 생후 18개월 이하의 유아들은 거울 속 모습이 자신임을 알지 못한다. 그럼 혹시 동물원에서 오래 산 해피의 경우 특별히 똑똑해진 것은 아닐까.

2007년 일본 도쿄대학의 연구팀이 발표한 타이의 야생 지역에 방목되어 있는 코끼리들에 대한 실험에서도 코끼리의 자기 인식능력이 입증되었다. 장난감에 익숙해지게 훈련시킨 다음 코끼리 앞에 거울을 비춰준 결과 맨눈으로는 보이지 않는 머리 위의 장난감으로 한번에 코를 뻗는 사실이 확인된 것이다.

이밖에도 코끼리의 지능과 관련된 보고는 무척 많다. 자기 새끼를 학대한 사육사의 얼굴을 기억하고 있다가 10년 후에 그 사육사에게 복수를 했다는 어미 코끼리의 사례가 보고되는가 하면, 케냐의 코끼리연구소에서는 어릴 때 어떤 고통을 당한 새끼 코끼리들은 외상후 스트레스 장애(PTSD)를 경험하게 되어 후에 파괴적인 행동을 하는 문제 코끼리로 성장한다는 의견을 내놓기도 했다.

## 두 번째 살인을 저지르다

전 공조전서 이우를 살해해 전라도 장도로 귀양살이 간 조선의 코끼리도 깨나 영리했던 모양이다. 그 코끼리는 귀양 간 지 6개월 만에 태종의 특별 사면령을 받아 유배지에서 풀려나게 된다. 그 코끼리는 어떻게 태종의 마음을 움직인 것일까.

1414년 5월 3일 『태종실록』의 기록을 보면 그 비결이 나와 있다. 전라도 관찰사는 태종에게 "길들인 코끼리를 순천부 장도에 방목하는데 수초를 먹지 않아 날로 수척해지고 사람을 보면 눈물을 흘립니다."라고 보고했다. 즉 코끼리는 유배지의 맛없는 먹이를 거부하며 만나는 사람들한테 애절하게 읍소하는 전략을 사용했던 셈이다.

이 말을 들은 태종은 코끼리를 불쌍히 여겨 육지로 돌아오게 해 처음과 같이 기르게 하라고 명한다. 그러나 유배지에서 풀려난 코끼리가 한양의 사복시로 돌아온 것은 아니었다. 유배지의 관할지역인 전라도 내의 이곳저곳을 떠돌며 숙식을 해결하는 처량한 유랑자 신세가 되고 만 것이다.

졸지에 코끼리를 떠안게 된 전라도 관찰사는 도내의 여러 마을에 돌려가면서 먹여 기르게 했다. 하지만 엄청난 사료비를 감당하기에는 역부족이었다. 마침내 유배지에서 풀려난 지 6년 후인 1420년(세종 2) 12월 28일 전라도 관찰사는 중앙에 보고하여 코끼리를 먹여 기르느라 도내 백성들의 괴로움이 크니 충청도와 경상도를 포함하여 순번제로 코끼리를 사육하자는 의견을 내놓았다.

이에 상왕인 태종은 흔쾌히 그렇게 하라고 명했으며 그날 이후부터 코끼리는 충청도와 경상도까지 출장 사육을 떠나는 신세가 되었다. 자신의 그

런 신세에 스트레스를 받았던지 코끼리는 출장 사육을 시작한 지 1년도 채 되지 않아 또 사고를 쳤다.

1421년 3월 충청도 공주에 가 있던 코끼리는 자신을 보살피는 종을 발로 차서 죽여 버렸다. 전직 관리인 이우의 살해사건은 우연한 사고라고도 볼 수 있다. 하지만 같은 코끼리가 두 번씩이나 우연한 사고를 일으킬 수 있을까. 만일 우연이 아니라면 이 코끼리에게 혹시 연쇄살인범의 피라도 흐르는 것일까.

## 연쇄살인범 코끼리 사건의 진상

앞에서 코끼리가 소음에 유난히 민감하다고 지적했지만 그로 인해 인간을 공격한 사례는 매우 드물다. 그럼 이 코끼리의 연쇄살인 행각을 설명할 수 있는 원인은 하나밖에 없다. 그것은 바로 수코끼리가 발정할 때 분비하는 머스트(musth)다.

코끼리의 눈과 귀 사이에 있는 측두골에서 분비되는 머스트는 오일성의 분비물로서 몹시 역겨운 냄새를 낸다. 머스트가 분비될 때 코끼리는 매우 난폭해진다. 그런데 머스트는 반드시 발정기와 관련이 있는 것도 아니다. 스트레스가 심할 때 나온다고도 하고 애정의 표시라는 설도 있는 등 머스트에 관한 정확한 원인은 아직 밝혀지지 않았다.

다만 아프리카 코끼리보다 아시아 코끼리에게서 더 빈번하게 발생하고 특히 길들여져 가축화된 코끼리에게 더 많이 발생하는 것으로 알려져 있다.

인도에서는 머스트로 난폭해진 코끼리가 사육사를 살해하는 사건이 심

◀코끼리의 눈과 귀 사이의 측두골에서 분비되는 머스트.

심찮게 발생한다. 때문에 인도에서는 머스트를 일종의 정신병으로 생각하고 머스트를 분비하는 코끼리들은 굵은 쇠사슬로 묶어 놓곤 한다.

이런 정황으로 볼 때 조선의 코끼리가 두 번씩이나 연쇄살인을 저지른 원인도 머스트가 아니었을까 싶다. 코끼리 사육에 대한 지식이 전혀 없는 터에 머스트가 분비되어 공격성이 높아져 있는 것을 모르고 괜히 코끼리를 자극하여 발생한 우발적인 사건이 아닐까 하는 것이다. 혹 이우가 코끼리를 향해 침을 뱉은 것은 머스트의 고약한 냄새 때문이 아닐까.

## 살인도 면죄되는 특별 신분

그럼 두 번씩이나 살인을 저지른 이 문제의 코끼리에 대해 세종은 어떤 처분을 내렸을까. 조선시대의 형벌에는 태형, 장형, 도형, 유형, 사형의 5형이 있었다. 태형과 장형은 곤장으로 때리는 형벌이고 도형은 강제노동, 유형은 귀양을 보내는 형벌이다.

처음 살인을 저질렀을 때 유형을 받았으니 두 번째 살인을 저지른 코끼리는 당연히 최고 형벌인 사형감이었다. 그러나 세종은 이 코끼리에 대해

물과 풀이 좋은 섬을 가려서 유배시키고 병들어 죽지 말게 하라는 판결을 내린다.

연쇄살인을 저지른 위험한 코끼리를 왜 끝내 처형시키지 않았던 걸까. 그 이유는 이 코끼리가 보통 신분이 아닌, 일본 국왕으로부터 선물 받은 특별한 동물이었기 때문이다.

당시에는 외국으로부터 받은 희귀한 선물을 소홀히 대할 경우 외교 문제로 비화되는 수도 있었다. 실제로 고려 때 그런 일로 인해 전쟁으로까지 확대된 사건이 있었다.

고려 태조 왕건은 거란이 낙타 50마리를 선물로 보내오자 사신을 섬으로 유배시키고 낙타는 개성의 만부교라는 다리에 묶어 두어 굶겨 죽였다. 거란이 맹약을 어기고 고구려의 후예인 발해를 멸망시켰다는 이유에서였다.

이를 빌미 삼아 결국 거란은 서기 993년 대규모의 군대를 동원해 고려를 침공하기에 이른다. 그때 왕건이 낙타를 묶어 둔 만부교는 그 이후 '탁타교(橐駝橋)'로 불리게 됐다. 지금은 '약대(낙타를 일컫는 우리 고유어) 다리'라는 이름으로 변해, 개성의 명승지로 남아 있다.

세종의 특별한 배려로 다시 섬으로 귀양살이를 떠나게 된 코끼리는 그 이후 어디에도 기록이 남아 있지 않다. 만일 코끼리가 귀양을 살다 죽었다면 한 번쯤은 임금에게 보고되었을 터인데 그런 기록도 찾을 수 없다. 또 코끼리가 죽었을 때 그 커다란 시신을 처리하기도 수월치 않았을 텐데 그에 대한 언급도 전혀 없다. 우리나라의 수많은 섬들 중에 혹시 코끼리와 관련된 지명이나 전설이 남아 있는 곳이 있다면, 아마 그곳이 조선 최초 코끼리가 여생을 끝마친 섬이 아닐까 하는 상상을 해 본다.

## 04
# 창덕궁에 새끼를 친 어미 호랑이

2008년 전남 광양에서는 백운산 일대에 출몰하던 괴물 멧돼지와 한판 전쟁이 일어났다. 이 멧돼지는 3년째 그 일대 10개 부락에 나타나 논밭을 쑥대밭으로 만들어 놓았다. 논바닥을 공사장처럼 깊게 파헤쳐 놓는가 하면 고구마밭이나 감나무, 배나무, 밤나무 등을 닥치는 대로 망쳐 놓기 일쑤였다.

그 고약한 녀석을 잡기 위해 온 주민들이 나섰지만 별 효과가 없었다. 녀석의 덩치가 워낙 커 감히 함부로 대할 수 없었기 때문이다. 녀석은 몸길이 1.8미터에다 몸무게는 240킬로그램에 달할 정도로 웬만한 송아지 크기만 한 덩치에다 8~10센티미터에 이르는 날카로운 송곳니를 지니고 있었다.

전국의 내로라하는 사냥꾼들이 괴물 멧돼지를 잡기 위해 모여 들었지만 역시 별 소득을 올리지 못했다. 멧돼지에게 당해서 죽거나 부상을 입은 사냥개만 해도 10여 마리에 이를 정도로 무시무시한 힘을 지니고 있기 때문이다.

그 멧돼지는 사냥꾼의 총에 두 번이나 맞아 머리와 엉덩이에 총상을 입었지만 여전히 신출귀몰하게 산을 휘젓고 다녔다. 따라서 사냥꾼들과 그

지역 주민들은 '산신령'이라는 별명까지 붙여 주었다고 한다.

▲ 산신령으로 추앙받던 호랑이는 민화에도 자주 등장할 만큼 친숙한 동물이었다.

그러나 원래 우리나라에서 산신령으로 추앙받던 동물은 단 하나, 호랑이밖에 없었다. 만약 지금도 우리나라의 산야에 호랑이가 산다면 전남 광양에 출몰했던 괴물 멧돼지는 아예 생겨나지도 않았을 것이다. '호랑이 없는 곳에서 여우가 왕 노릇 한다'는 속담처럼 멧돼지가 왕 노릇을 하고 있었던 셈이다.

흔히 호랑이라고 하면 '호랑이 담배 피던 시절'의 아주 먼 옛날 옛적 이야기로만 생각한다. 그러나 조선시대만 해도 우리나라 전국 각지에는 호랑이가 우글거렸다.

1405년(태종 5) 7월 25일에는 밤에 호랑이가 궁궐의 근정전 뜰까지 들어왔고 1603년(선조 36) 2월 13일에는 창덕궁의 소나무 숲속에 호랑이가 나타나 사람을 물었다는 기록이 보인다.

심지어 1607년(선조 40) 7월 18일에는 창덕궁 안에서 어미 호랑이가 새끼를 쳤는데 그 새끼가 한두 마리가 아니었다고 한다. 호랑이가 임금이 사는 궁궐까지 침입할 정도였으니 산간 지대의 고을은 말할 것도 없었다.

홍명희가 쓴 『임꺽정』을 보면 "밤에는 호환이 무서워서 이웃 간에도 놀러 다니지 못 한다."는 구절이 나오는데 당시만 해도 그만큼 호랑이에게 화를 당하는 호환이 무섭던 시절이었다.

1402년(태종 2) 5월 3일자 『태종실록』에 의하면 "경상도에 호랑이가 많아 지난해 겨울부터 금년 봄에 이르기까지 호랑이에게 죽은 사람이 기백 명입니다."라고 대호군 김계지가 임금에게 아뢰고 있다.

영조 때에도 호랑이에게 물려 죽은 사람들이 많았던 것으로 보인다. 1734년(영조 10) 9월 30일자의 『영조실록』에는 "사나운 호랑이가 횡행하여 사람과 가축을 상해하였으므로 팔도의 정계가 거의 없는 날이 없었으니 여름부터 가을에 이르기까지 죽은 자의 총계가 140인이었다."고 기록되어 있다.

또 다음 해인 1735년(영조 11) 5월 29일에는 "팔도에 모두 호환이 있었

는데 영동 지방이 가장 심하여 호랑이에게 물려서 죽은 자가 40여 인에 이르렀다."고 한다.

## 호랑이 굴에 들어가도 정신만 차리면 사는 이유

우리나라에 서식했던 시베리아 호랑이는 얼굴에 있는 '임금 왕(王)'자가 특징인데, 몸무게가 275~300킬로그램 정도로 호랑이 아종 중에서도 가장 큰 개체에 속했다. 몸통 길이는 173~186센티미터, 꼬리 길이 87~97센티미터 정도인데 가장 큰 것은 몸 전체 길이가 390센티미터에 이르는 것도 있었다.

주로 해가 진 뒤부터 이른 아침까지 활동하며 먹잇감은 멧돼지나 노루, 산양, 사슴 등의 대형 초식동물이었다. 잡은 먹이는 서늘한 곳에 옮겨 놓고 여러 날에 걸쳐서 먹기도 하는데 한번에 많은 먹이를 먹으면 열흘 정도는 먹지 않고 견딜 만큼 강인했다.

사냥을 할 때는 몸을 숨겨 매우 조심스럽게 사냥감에 접근한 다음 매복해서 기다리다가 갑자기 달려들어 공격하는 패턴을 구사한다. 특히 대형 동물을 공격할 때는 큰 앞발로 쳐서 덮친 다음 목 부위를 물어서 기도를 절단하고 중추골을 부숴서 단번에 죽여 버린다.

그런데 호랑이는 사람이 먼저 공격하지 않는 한 해치지 않으며 오히려 사람을 피해 다니는 것으로 알려져 있다. 그럼 왜 조선시대에는 이처럼 호랑이에게 물려서 죽은 사람이 많았던 것일까.

호랑이는 12월에서 1월까지의 추운 겨울에 교미를 하는데 이때가 되면

◀ 호랑이는 매우 조심스럽게 접근해 단번에 공격하는 사냥기술을 지니고 있다.

수컷은 짝을 찾아 멀리까지 돌아다니며 포효를 한다. 포효를 하는 까닭은 암컷에게 자신의 존재를 알리고 다른 수컷들을 위협하기 위해서다.

이때 위협을 당한 어린 수컷 호랑이들이 영역 싸움에서 쫓겨나 사람이 사는 마을로 내려왔을 수 있다. 새끼 호랑이가 태어나 어미에게 젖을 얻어 먹는 수유 기간은 6개월 정도지만 3년 이상을 어미와 함께 생활하고 생후 4~5년이 지난 후에야 독립할 수 있다.

따라서 미처 독립 시기가 되지 않은 호랑이가 어미를 잃었을 경우 스스로 생존하기 위해 의외의 행동을 할 수 있다. 이런 정황의 추리가 가능한 것은 호랑이를 민간인이 물리쳤다는 기록을 많이 볼 수 있기 때문이다.

세종 때에는 안동의 정구지란 이가 어느 날 밤 호랑이에게 물려 갔는데 아내와 두 딸이 함께 쫓아가 몽둥이로 때려서 남편을 빼앗아 돌아왔다는 기록이 있다. 그러나 정구지는 그 후 10여 일 만에 치료를 받다가 죽었다.

1478년(성종 9)에는 경상도 곤양군(지금의 사천 일대)에 사는 사람이 호랑이에게 물려 가는데 열한 살짜리 아들이 낫을 휘둘러 구했다는 기록도 있다. 이밖에도 『조선왕조실록』에는 호랑이에게 달려들어서 자신의 가족을 구했다는 이야기가 무척 많이 기록되어 있다.

그러나 실제로 호랑이를 잡아 본 포수들에 의하면 사람이 호랑이와 싸

워서 절대 이길 수 없다고 한다. 호랑이의 몸 구조상 그 큰 머리와 앞다리의 무게만으로도 쉽게 사람을 제압할 수 있기 때문이다. 호랑이의 힘이 얼마나 센가 하면 황소를 물고 울타리를 넘어 도망갈 때 황소가 땅에 닿거나 끌리지 않을 정도라고 한다.

그렇게 볼 때 민가에 내려와 사람을 해친 조선시대의 호랑이들은 대체로 완전히 성장하지 못한 어린 개체임을 짐작할 수 있다.

## 우리나라 호랑이는 사납다

또 하나, 조선시대에 호환이 유난히 많았던 이유는 한국 호랑이의 특성에서 찾아볼 수 있다.

2006년 미국 국립암연구소 연구팀은 사자, 호랑이, 재규어 등 고양이과에 속하는 동물 37종의 DNA를 조사해 진화계통도를 작성했다. 그 결과 현재 살고 있는 고양이과 동물은 1,110만 년 전에 등장한 공동 조상에서 진화했으며 그 공동 조상이 처음 등장한 지역은 아시아인 것으로 밝혀졌다.

호랑이는 시베리아호랑이, 벵골호랑이, 중국호랑이, 수마트라호랑이, 인도차이나호랑이, 자바호랑이, 발리호랑이, 카스피호랑이 등 8개의 아종으로 분류되는데 모두 아시아 지역을 중심으로 분포하고 있다

그중 발리호랑이는 1960년대에, 카스피호랑이와 자바호랑이는 1990년대에 밀렵과 서식지 파괴 등으로 이미 멸종했다. 나머지 아종도 전 세계의 극소수 보호구역에서 약 7,000여 마리만이 살아남았을 뿐이다.

우리나라 호랑이는 학명으로 '판테라 티그리스 알타이카(Panthera tigris

altaica)'라고 불리는 시베리아호랑이에 속한다. 그러나 1950년대까지만 해도 극동의 호랑이는 아무르 호랑이(시베리아 호랑이)와 우수리호랑이(동북호), 한국호랑이의 별도 3개 아종으로 분류되었었다.

사실 이 호랑이들은 원래 한 종의 호랑이가 각 지역에 흩어져 살면서 지역 환경에 적응하고 변형된 지역적 개체들에게 붙여진 이름이다. 특히 지구촌에 서식하는 호랑이 중 덩치가 가장 큰 극동의 호랑이는 다른 종에 비해 활동 영역이 매우 넓은 편이다. 따라서 지역의 경계 구분도 모호할 뿐더러 교잡종도 많아서 이 같은 지역별 분류가 무의미하다는 지적이 많다.

그러나 주로 만주 지역을 중심으로 분포한 우수리호랑이와 한국호랑이만 해도 외양과 성격면에서 차이가 꽤 있었다. 우수리호랑이는 연한 색에 긴 털을 가지고 있었고 한국호랑이는 좀 더 짙은 색깔에 짧은 털을 지니고 있었다.

특히 한국호랑이는 선명한 검은 줄무늬가 절묘하게 배합돼 가죽으로서의 상품 가치가 매우 뛰어나고 주둥이 위에 마치 임금 왕 자를 연상하는 검은 무늬가 선명해 중국인들로부터 마력적인 숭상을 받곤 했다.

또 우수리호랑이는 온순하고 사람을 공격하는 일도 드물었던 반면 한국호랑이는 매우 사납고 잔인하여 인가를 침입해 가축을 해치는 것은 물론 무방비 상태의 사람들을 공격하는 일도 잦았다.

『조선왕조실록』을 보면 그 같은 정황이 잘 드러난다. 1463년(세조 9) 3월 12일 세종의 넷째 아들인 임영대군의 집에 호랑이가 침입해 집에서 기르던 양이 물렸다는 기록이 있으며 바로 다음 날에는 군마를 사육하던 녹양목장에서 말 4필이 호랑이에게 물린 사건이 발생했다.

이 보고를 접한 세조는 친히 군사를 거느리고 출동해 '녹양목장 사건'을

일으킨 호랑이를 잡는 성과를 올렸다. 그러나 호랑이를 잡는 일은 그리 쉽지만은 않았던 것으로 보인다. 1466년(세조 12) 1월 28일에는 호랑이를 포위하여 잡으려다 박타내라는 군사가 호랑이에게 물려 죽는 사건이 발생하기도 했다.

이처럼 호랑이의 출현은 조선시대 내내 민심을 흉흉하게 만드는 원인이었는데 성종 때에는 마침내 병조에서 호랑이를 잡은 이에 대한 상벌 규정을 만들어 임금에게 보고했다. 그에 따르면 대 혹은 중 크기의 호랑이 한 마리를 잡으면 면포 3필, 작은 호랑이나 표범 한 마리를 잡으면 면포 2필을 주는 것으로 되어 있다.

또 산간지대의 고을에서 1년에 호랑이에게 해를 입은 자가 한 사람이 나올 경우 수령을 파면하자는 내용도 있었다. 그러나 이 상벌안은 법이 너무 과중하다는 신하들의 의견에 따라 시행되지 않았다.

**휼전(恤典)**
조정에서 각종 재난에 처한 백성들에게 내리던 일종의 긴급 구제금.

특히 호랑이에게 물려 죽은 사람이 많이 발생했던 영조 때에는 호랑이에게 물려 죽은 이의 가족들에게 **휼전**을 베풀었다는 기록이 많이 보인다.

하지만 이처럼 조선 팔도에 들끓었던 한국호랑이는 일제강점기 이후 거짓말처럼 자취를 감추었다. 지난 1996년 4월 우리나라 환경부는 '멸종위기에 처한 야생동식물의 국제거래에 관한 협약(CITES)' 사무국에 "국내에는 호랑이가 한 마리도 서식하지 않고 있다."는 보고서를 제출했다.

그 보고서에 따르면 호랑이는 19세기 말까지 남한에 서식했으나 1943년 이후 완전 멸종되었으며 다만 북한 백두산 등지에 10마리 내외의 호랑이가 서식하고 있는 것으로 알려졌다고 되어 있다.

유사 이래 우리나라 삼림을 지배했던 한국호랑이들은 왜 이처럼 짧은 기간에 멸종되고 만 것일까.

1917년 11월 12일 부산항에 야마모토 다다사부로라는 일본 고베의 사업가가 도착했다. 이틀 뒤 매일신보에는 '정호군(征虎軍)의 총대장 야마모토 씨 입경'이란 제목의 기사가 실렸는데 정호군이란 바로 호랑이를 잡기 위한 군대를 일컫는 용어였다.

100여 명으로 구성된 정호군은 11월 15일 남대문에서 출발하여 본격적인 사냥 여정에 올라 그해 12월 5일 조선호텔에서 해산식을 거행할 때까지 조선 팔도를 누비며 호랑이 2마리를 비롯해 표범, 곰, 멧돼지, 노루 등의 대형 포유류를 무차별적으로 포획했다.

이 정호군에는 최순원, 강용근, 이윤회 등을 비롯해 당시 이름깨나 날리던 조선의 사냥꾼이 포함되어 있었으며 몰이꾼들도 대부분 조선인이었다. 호랑이 같은 날쌘 동물을 잡기 위해서는 조선의 지형을 잘 아는 사람이 필요했기 때문이다.

그럼 야마모토라는 일본인은 왜 조선인을 고용하고 거금의 돈을 들여가며 조선의 호랑이와 맹수들을 잡아들인 것일까. 그 이유를 알기 위해서는 그로부터 300여 년 전에 일어난 임진왜란으로 거슬러 올라가야 한다.

◀ 정호군을 조직한 야마모토(오른편)와 조선인 포수 최순원이 사냥한 호랑이 두 마리와 함께 포즈를 취하고 있다.

임진왜란 당시 함경도로 진격하여 조선의 왕자 임해군과 순화군을 포로로 잡는 등 맹활약을 펼친 일본의 전설적인 무장 가토 기요마사는 호랑이 사냥꾼으로도 명성을 떨쳤다. 그가 임진왜란 기간 동안 도요토미 히데요시에게 진상한 조선의 호랑이만 해도 모두 5마리나 되었다.

그는 추위와 오랜 타지 생활로 병사들의 사기가 떨어질 때마다 호랑이 사냥을 하여 기세를 다시 떨치게 한 것으로 유명하다. 특히 일본은 섬이라는 지형적 특수성으로 인해 호랑이 같은 대륙성 동물은 살지 않으므로 호랑이를 잡는다는 것은 그들에게 특별한 의미를 지니고 있었다.

야마모토가 노린 것은 바로 가토 기요마사처럼 되기 위해서였다. 1917년은 제1차 세계대전이 장기화되면서 정치·사회적으로 불안하던 시기였다. 그 같은 암울한 시대 상황에서 일본은 젊은이들의 사기를 높이는 돌파구가 필요했다. 그때 등장한 기발한 아이디어가 야마모토의 정호군이었던 것이다.

이 외에도 일제강점기 시대 조선총독부는 1910년대부터 해로운 짐승을 없앤다는 명목으로 대규모의 인력을 동원해 대대적인 토벌작전을 펼쳤다. 또한 식민지 조선의 호랑이는 서양 사냥꾼들의 좋은 표적이 되기도 해, 미국이나 유럽에서 온 호랑이 원정대들이 조선을 휘젓고 다녔다.

조선총독부 통계연보 등의 자료를 취합해 보면 일제강점기 동안 잡혀서 죽임을 당한 호랑이의 수는 141마리다. 그러나 이는 어디까지나 확인할 수 있는 자료들을 취합한 통계일 뿐 실제로는 그보다 훨씬 더 많은 호랑이들이 포살되었을 것으로 추정된다.

널리 알려진 남한에서의 마지막 호랑이는 1922년 10월 2일 경상북도 경주 대덕산에서 포획된 수컷 호랑이다. 구정주재소의 미야케 요조 순사가

◀ 1922년 경주 대덕산에서 잡힌 호랑이의 모습.

마을 사람들을 동원해 사냥한 이 호랑이는 당시 경주를 방문했던 일본 황족에게 헌상되었다.

그 후 1924년 2월 1일자 매일신보에 "1월 21일 강원도 횡성 산중에서 팔척짜리 암컷 호랑이가 송선정이라는 자에 의해 포획되었다."는 기사가 사진과 함께 실렸다. 그것이 지금까지 확인된 남한의 마지막 호랑이의 모습이다.

## 호랑이가 돌아왔다?

그런데 멸종된 것으로 알려진 호랑이가 아직도 남한에 살고 있다는 목격담이 최근에 심심찮게 등장했다. 또 그를 근거로 하여 남한의 호랑이 생존설을 제기하는 이들도 있다.

대표적인 사례가 2001년의 대구문화방송 사건이다. 대구문화방송의 호랑이특별취재팀은 그해 6월 22일 오전 3시 34분 경북 청송군의 깊은 산속에서 야생 호랑이를 촬영하는 데 성공했다고 밝혔다.

무인카메라에서 4.5미터 정도 떨어진 지점에서 찍혀 조명 범위 밖에 있었지만 취재팀은 화면개선작업 결과 호랑이 특유의 줄무늬가 뚜렷하다고

◀ 1998년 임순남 소장이 화천에서 찾아낸 발자국.

주장했다. 그러나 전문가들의 확인 결과 카메라에 찍힌 동물은 호랑이가 아닌 것으로 최종 결론이 내려졌다.

1998년에는 강원도 화천의 두메산골 주민들 사이에서 호랑이 목격담이 돌았다. 그 이야기를 전해들은 임순남 한국야생호랑이·표범보호보존연구소장이 인근 산골을 샅샅이 뒤져 9.5센티미터 크기의 야생동물 발자국을 발견했다. 눈 위에 선명하게 찍힌 담뱃갑보다 더 큰 그 발자국을 놓고 임 소장은 지금도 호랑이 발자국이 틀림없다고 믿고 있다.

또 1989년에는 DMZ에서 근무하던 미군들의 레이더 촬영시스템에 거대한 야생 호랑이가 촬영되었다는 이야기도 전해진다. 이밖에도 홍천, 인제, 평창, 원주, 부산 기장 등의 지역에서 호랑이 목격담이 나온 바 있다.

그렇다면 일제강점기 이후 멸종된 것으로 알려진 호랑이가 어떻게 다시 남한에 모습을 드러낼 수 있었을까. 이에 대해 일부 전문가는 넓은 활동 영역을 가진 시베리아 호랑이의 특성상 백두대간을 따라 남하해 산세가 험한 강원도와 경상도 주변에 분포하게 되었다고 주장한다.

호랑이의 이동속도로 볼 때 시베리아에서 강원도까지 내려오는 데 3~4일이면 충분하고 1968년 김신조 일당의 1·21사태 이전까지만 해도 지금과 같은 2중, 3중의 완벽한 휴전선 철책이 없었기 때문에 충분히 가능성이 있다는 것이다. 또한 한 차례 점프로 보통 4~5미터까지 몸을 날리는 호랑이의 괴력을 감안할 때 3미터짜리 철책선을 능히 넘을 수 있다는 주장도 있다.

하지만 지난 1999년 EBS가 러시아에서 20여 년간 시베리아 호랑이를 연구한 전문가와 함께 4개월여에 걸쳐 호랑이 목격담이나 출몰설이 있는 곳을 추적한 결과, 발자국 및 배설물 등 호랑이 흔적으로 알려진 것 중 90퍼센트 이상이 호랑이와 무관한 것으로 밝혀졌다.

한때 산신령으로 불리며 한반도의 숲을 지배했던 한국호랑이는 과연 우리로부터 영원히 사라져 버린 것일까.

05

# 두모포 어부의 그물에 걸려든 괴생명체

2006년 개봉 당시 한국 영화사상 역대 흥행순위 1위를 기록했던 〈괴물〉은 한강에 사는 괴생명체를 소재로 한다. 이 영화를 연출한 봉준호 감독은 실제로 고교 시절 한강 교각에서 어둡고 희미한 괴물 형상의 물체를 목격한 적이 있다고 털어놓았다.

전 세계적으로 괴생명체들이 출현한다고 알려진 곳은 잔잔하게 물이 고여 있는 호수가 대부분이다. 사람이 들여다볼 수 없는 물속만큼 괴수가 살기 적당한 곳이 없기 때문일 것이다.

영국 네스 호에는 그 유명한 전설의 괴물 '네시'가 있고 미국 버몬트 주의 챔플레인 호수에는 '챔프'라는 괴물을 봤다는 목격담이 끊이지 않고 있다. 또 캐나다 오카나간 호수에는 '오고포고', 노르웨이 셀요르드 호수에는 '셀마'가 있고 백두산의 천지에도 한때 황소 머리 모양의 괴수가 산다는 소문이 나돌았다.

## 옥수동에 나타난 거대 물고기

그런데 조선시대에도 이 같은 괴생명체가 한강에서 발견된 적이 있다. 1565년(명종 20) 4월 3일자의 『명종실록』에 의하면 그 정황이 상세히 묘사되어 있다.

"자전(임금의 어머니)이 편치 못하여 붕어를 먹고 싶어 하므로 사람을 시켜 두루 구하였다. 이 때문에 두모포의 어부가 두모포에 그물을 쳤더니 어떤 물체 하나가 그물 안에 들어왔는데 그 크기가 배만 하였다. 여러 사람들이 힘껏 강가에 끌어내 놓고 보니 곧 하나의 큰 물고기였다. 길이가 **포백척**으로 10여 척이고 너비가 3척이었다. 흰 빛깔에 비늘이 없고 턱 밑에 지느러미 3개가 있으며 꼬리가 키처럼 크고 머리 위에 구멍이 있어 물을 빗물처럼 내뿜으며 눈과 코가 물고기처럼 생기지 않았다. 강가의 늙은 어부도 그것이 무슨 고기인지 알지 못하였다."

> **포백척[布帛尺]**
> 의류나 직물류를 측정하기 위해 사용된 척도를 말하며, 1척은 약 46.7센티미터다.

포백척이란 바느질자를 의미한다. 지방에 따라 또는 사용하는 사람에 따라 그 길이가 일정하지 않았는데 당시에 사용한 1포백척은 대략 46센티미터 정도였다. 그러면 이때 잡힌 물고기는 길이가 4.6미터 이상에다 너비가 1.4미터나 된 셈이다. 흰 빛깔에다 턱 밑에 지느러미가 3개이며 눈과 코가 물고기처럼 생기지 않았다니 도대체 무엇이었을까.

결정적인 단서는 머리 위에 구멍이 있어 물을 빗물처럼 내뿜었다는 점이다. 또 꼬리가 곡식의 티끌을 골라낼 때 쓰는 키처럼 생겼다는 걸로 봐서 그물에 걸린 물고기는 아마 고래였던 것 같다.

그럼 고래가 잡힌 두모포는 지금의 어디를 가리키는 지명일까? 성종 때 편찬된 『동국여지승람』에 의하면 두모포는 도성 동남쪽 5리쯤에 있다고 기록되어 있다. 지금으로 치면 한강의 동호대교 북단인 옥수동 한강변이 바로 그곳이다.

남한강과 북한강의 물이 서로 합치는 곳을 두물머리(양수리)라고 불렀듯이 두모포 역시 한강과 중랑천의 물이 합수되는 곳이란 뜻에서 유래한 지명이다. 본래 두 개의 물이 합쳐지는 곳이라 하여 두물개였던 것이 두뭇개로 변했다가 한자로 옮겨지면서 두모포가 되었다.

1911년 경성부 두모면 두모리에서 1914년 경기도 고양군 한지면 두모리가 되었다가 1936년 경성부에 다시 편입돼 옥수정이 되었다. 해방 이후 일본식 행정명인 '정' 대신 '동'을 붙여 지금의 옥수동으로 불리게 되었다.

두모포 부근의 마을을 옥수동으로 부른 까닭은 서울에서 가장 물맛이 좋은 옥정수(玉井水)라는 우물이 있었기 때문이다. 옥정수 주변을 옥정숫골로 불렀는데 그것이 줄여져서 옥숫골→옥수정→옥수동으로 변했다.

당시 두모포는 도성 동쪽의 풍광이 뛰어난 물가라는 의미에서 '동호(東湖)'라고도 불렀다. 두모포 뒤로는 높은 산이 있고 앞으로는 한강 물이 호수처럼 잔잔히 흘렀다. 또 강 건너 지금의 압구정동에는 강변 쪽으로 나무와 풀이 무성해 한강 연안 중에서도 경치가 좋기로 유명했다. 동호대교의 이름은 바로 이 동호로부터 지어진 것이다.

두모포에는 경상도와 강원도 지방에서 남한강을 경유해 오는 세곡선이 집결했고 농산물과 목재 등의 각종 물산이 드나들었다. 또 용산구 동빙고동으로 옮겨 가기 전까지 동빙고가 이 부근에 있어서 얼음을 나르는 배들도 두모포로 모였다.

때문에 두모포에는 당시의 원주, 춘천, 제천, 원산 등 전국 유명한 고을의 읍내보다 더 많은 인구가 거주했다. 1789년(정조 13)에 조사한 호구총수를 보면 전국 고을의 읍내 인구수는 2,000~2,500명 정도였지만 두모포는 1,425호에 4,484명이나 되었다.

▲두모포가 나루터였음을 알리는 표지석.

뛰어난 풍광으로 인해 성안 백성들의 단골 나들이 장소였던 두모포는 세도가들의 정자가 많기로도 유명했다. 특히 연산군은 두모포로의 나들이를 즐겼는데 한번 놀러갈 때 궁녀 1,000여 명이 따랐다고 『조선왕조실록』 1506년(연산 12) 7월 18일자 기사에 기록되어 있다.

또 연산군은 내명부를 모두 참석하게 하여 두모포에서 잔치를 여는가 하면 두모포와 한남동 사이의 높은 고개에 황화정이란 정자를 세워 수시로 풍류를 즐겼다. 그 후 황화정은 반정으로 집권한 중종에 의해 예종의 둘째 아들인 제안대군에게 넘겨졌다. 이외에도 연산군의 처남이었던 신수근의 정자와 중종 때의 세도가 김안로의 별장이 두모포에 있었다.

어쨌든 임금의 어머니인 모후의 병구완을 위해 친 그물에 걸렸으므로 두모포에서 잡힌 고래는 조정에 바쳐졌다. 하지만 그 고래가 당시 백성들로부터 가장 원망을 많이 사고 있던 한 세도가의 몰락을 예고하는 줄은 아무도 몰랐다.

## 문정왕후 일파의 몰락

인종의 뒤를 이어 불과 열두 살의 나이에 왕이 된 명종은 모후인 문정왕후의 그악스러움에 평생 억눌려 지냈다. 어린 나이에 즉위했기 때문에 8년 동안 문정왕후가 수렴청정을 했는데 명종이 성인이 되어 친정을 시작한 후에도 문정황후는 정사를 마음대로 주물렀다.

자신이 원하는 일이 있으면 수시로 종이에 적어서 명종에게 보내곤 했다. 만약 명종이 그것을 수용하지 않을 경우 문정왕후는 왕을 불러 면상에 다 대고 반말로 욕을 하는 것은 물론 심지어 종아리를 치거나 뺨을 때리기도 했다.

왕의 권위는 땅에 떨어졌고 조정은 권신들이 장악하여 사리사욕을 채우기에 급급했다. 그 대표적인 인물이 바로 문정왕후의 친동생인 윤원형이었다.

소윤의 당수였던 윤원형은 을사사화를 비롯하여 여러 옥사를 거치면서 정적들을 모두 제거하고 조정을 완전히 장악한 인물이다. 심지어 자신에게 불만을 토로하던 친형 윤원로를 유배 보낸 후 사약을 내려 죽음을 맞도록 조종했다.

권력을 독점하게 된 윤원형은 노비 출신인 정난정을 애첩으로 삼았는데 그녀는 미색이 뛰어나고 매우 똑똑했다. 정난정에게 마음을 사로잡힌 윤원형은 급기야 정실부인 김씨를 독살한 후 노비 출신의 애첩을 정경부인의 자리에까지 올려놓았다.

정1품이나 종1품의 문무관 부인들에게 내리는 최고의 직호인 정경부인은 원래 서얼이나 재가한 사람들에게는 주지 않는 것이 원칙이었다. 하지만 문정왕후의 마음까지 사로잡은 정난정에게는 그런 원칙이 문제될 게 없었다.

또한 정난정은 봉은사의 승려 보우를 문정왕후에게 소개했는데 그 후 문정왕후는 독실한 불교신자가 되어 보우를 조정에 기용해 정사에 참여시키기도 했다. 유교 국가인 조선에서 이는 매우 파격적인 일이었다. 그런 정

난정이 매년 두세 번씩 2~3섬의 밥을 지어 물고기에게 던져 주며 복을 빌던 곳이 바로 두모포였다.

윤원형의 권세를 배경으로 온갖 악행을 다 저지르며 부를 축적한 정난정이 물고기에게 밥을 주는 것을 본 백성들은 까마귀에게 송장을 빼앗아 개미에게 준다는 옛말보다 더 심하다며 수군거리곤 했다.

그러던 중 문정왕후의 병세 때문에 붕어를 잡기 위해 쳐놓은 그물에 난생 처음 보는 괴이한 물고기가 걸려들었으니 말이 나오지 않을 리가 없었다.

어느 유생은 "저 큰 물고기가 스스로 먹을 것을 찾지 못하고 대감의 먹이를 탐내다가 멀리 와서 어부에게 잡히니 불쌍하다."며 전횡을 일삼던 외척 세력을 빈정댔다.

또 어떤 이는 이상한 물고기가 잡힌 사실을 윤원형의 이름자에 빗대어 나름의 해석을 내놓기도 했다. 즉 윤원형의 '형(衡)'자는 '행(行)'자와 '어(魚)'

자가 합쳐져서 '고기가 간다'라는 뜻인데, 그 고기가 멀리 바다에서 강까지 와 죽었으므로 이는 곧 윤원형이 죽을 징조라는 것이었다.

그런데 공교롭게도 두모포에서 이상한 물고기가 잡힌 지 3일 후 문정왕후가 예순다섯의 나이로 세상을 떠나고 말았다. 문정왕후는 죽기 전에 보우와 윤원형을 보호해 달라는 유언을 남겼다.

그러나 문정왕후의 권세만 믿고 조정과 백성을 농락했던 윤원형 일파와 보우가 무사할 리 없었다. 자신을 죽이라는 상소가 빗발치자 보우는 말을 훔쳐 타고 달아나다가 인제에서 붙잡혀 제주도로 유배되었다. 그러나 거기서도 인심을 잃어 제주목사 변협에게 매를 맞아 죽었다. 윤원형 역시 강음에 유배되었다가 황량한 문산벌 어느 주막집에서 정난정과 함께 자살하고 만다.

## 거대 물고기의 정체

그럼 과연 윤원형 일파의 몰락을 예고했던 이상한 물고기의 정체는 과연 무엇이었을까. 만약 고래였다면 구체적으로 무슨 종이었을까.

고래는 피가 따뜻하고 폐로 호흡하며 새끼를 낳아 젖을 먹이는 수중 포유동물이다. 분류학적으로 포유동물강 고래목에 속하는데 몸길이 약 4미터 이상의 것들은 고래류, 그 이하의 것들에는 돌고래류라는 이름이 붙는다.

지구 최대의 동물이란 이미지 때문에 서양에서는 고래를 '바다의 괴물'이란 뜻으로 '케토스(ketos)'라 불렀고 우리 조상들은 '큰 고기[大魚]'라는 뜻에서 경어(鯨魚) 혹은 경(鯨)이라 불렀다.

이는 한자식 이름인데 우리말인 고래가 처음으로 쓰인 것은 19세기 초 실학자 서유구가 지은 『난호어목지(蘭湖漁牧志)』 이후부터였다. 때문에 세종 때 간행된 일종의 백과사전인 『운부군옥』을 보면 "해돈(海豚)은 머리 위에 구멍이 있어 그 구멍으로 물을 뿜어 올린다."라고 기록되어 있다.

여기서 해돈은 고래를 일컫는데 살이 많고 맛이 좋았기 때문에 옛날 사람들은 고래를 바다에 사는 돼지라고 불렀던 것이다.

두모포에서 잡힌 고래를 떠올리며 어류 사전을 뒤지던 나의 눈에 띈 것은 흰돌고래였다. 흰돌고래는 『명종실록』에 기록된 것과 같이 몸 전체가 흰색이며 최대 몸길이 4.5미터, 몸무게 1.5톤 정도 된다.

목을 90도 가까이 좌우로 구부릴 수 있을 만큼 유연한 긴 주둥이와 등면 중앙에 피부가 약간 솟아 있는 것이 특징이다. 몸 색깔 및 크기를 비롯해 눈과 코가 물고기처럼 생기지 않았다는 기록으로 볼 때 흰돌고래와 매우 유사하다는 느낌이 든다.

흰돌고래는 주로 북극해와 베링해, 그린란드 주변의 연해 지역에서 서식하며 때로 북해로 흘러드는 강에서도 발견된다. 중국 장강도 흰돌고래의 서식처로 유명한데 1980년대 초만 해도 장강에 400마리의 흰돌고래가 서식하는 것으로 보고된 바 있다.

◀ 흰돌고래는 두모포에서 잡힌 괴물고기와 많이 닮았다.

그러나 일생 동안 무리생활을 하는 흰돌고래가 자신의 서식 지역에서 멀리 벗어난 서해까지 와서 혼자 한강을 거슬러 올라왔다고 보기에는 무리가 좀 있다.

고래 전문가인 김장근 국립수산과학원 고래연구소장은 『명종실록』에 기록된 거대 물고기가 '상괭이'가 아닐까 하는 추측을 내놓았다. 이빨고래아목 쇠돌고래과에 속하는 상괭이는 쇠물돼지 혹은 무라치라 부르기도 하는데 우리나라에서 가장 흔히 발견되는 고래 중 한 종이다.

또한 몸색깔이 회백색이며 바다와 민물에서 모두 목격이 가능한데 특히 서해안에 많이 분포한다. 그러나 상괭이는 돌고래 중에서도 크기가 가장 작아 몸길이가 1.5~2.1미터 정도밖에 되지 않는다.

하지만 당시의 정확하지 않았던 포백척 기준에다 과장이 심할 수 있었던 분위기를 감안할 때 상괭이 중에서도 좀 큰 개체를 놓고 그런 식으로 표현했을 것이라는 가능성을 배제할 수 없다. 또 회백색의 상괭이 중 유난히 흰색에 가까운 녀석이 두모포 어부의 그물에 걸렸을 수도 있다.

그러나 연안에 분포하는 상괭이는 새우 등의 먹이를 따라 강 하류에 자주 출현하는 동물이다. 만약 두모포의 괴이한 물고기가 상괭이였다면 한강에서 오랫동안 고기잡이를 한 늙은 어부가 알아차리지 못할 리가 없었으리

◀ 2008년 통영 앞바다에서 그물에 걸려 잡힌 상괭이들.

라 추측된다.

그러면 과연 명종 때 한강 두모포에서 잡힌 그 이상한 물고기는 어떤 종의 고래였을까. 혹시 정말로 세상을 어지럽게 하던 간신 무리배의 종말을 백성들에게 알려 주기 위해 먼 곳으로부터 찾아온 희귀종이 아닐까 하는 상상을 해 본다.

# 06
# 탁란을 바라본 세종의 시각

> **흠경각 [欽敬閣]**
> 조선시대 세종 20년(1438)에 경복궁 안 강녕전 옆에 지은 전각. 물이 흘러 자동으로 움직이는 옥루(玉漏) 등 여러 가지 천문기구를 두었던 곳이다.

궁중에 과학관인 **흠경각**을 설치하여 시각과 방위, 계절을 살필 수 있는 과학기구를 비치하게 한 세종대왕은 그 명성만큼이나 과학기술 업적도 많이 남긴 '과학대왕'이다. 그런데 1445년(세종 27) 6월 7일 전 현감 장효생이 세종에게 이상한 사실을 보고했다.

자신의 집 처마에 딱새라는 작은 새가 집을 지어 새끼를 쳤는데, 크기가 산비둘기만 하므로 이상히 여겨 노끈으로 매달아 날아가지 못하게 해 놓았다는 것이다. 이에 세종은 내시를 시켜 어떻게 된 연유인지 살펴보게 했다. 하지만 세종은 과학대왕답게 당당히 과학적인 시각으로 그 사건을 바라보았다.

예전에도 작은 새가 큰 새를 낳았다거나 뱁새가 독수리를 낳았다는 등의 말을 들었지만 세종 자신이 생각하기엔 다른 새의 알을 까서 기른 것인지 혹은 사람이 다른 새끼를 가지고서는 작은 새의 새끼라고 하는지 도무지 알 수 없었다.

그에 대한 하나의 예로서 세종은 조선 사람이 중국 북경에 가서 천자의 좌우에 서 있는 두 마리의 개를 본 이야기를 들었다. 그 사람이 중국인에게 듣기로는 천자의 좌우에 있는 개들은 서쪽 지방의 독수리가 낳은 개로서 천자에게 바쳐졌다는 것이다.

하지만 중국 사신이 왔을 때 세종이 직접 확인해 본 결과 "독수리가 어찌 개를 낳을 리 있겠습니까. 독수리가 강아지를 잡아서 자기 새끼들에게 먹이고자 했는데 다행히 개가 살았던 것입니다."라고 대답했다는 것이다.

즉 독수리가 낳은 개라는 소문의 진위를 확인해 보니 독수리가 새끼들에게 먹이기 위해 낚아채 온 강아지가 죽지 않고 독수리 새끼들과 함께 자라서 큰 개가 되었다는 이야기이다. 이런 일로 미루어 볼 때 장효생이 보고한 딱새의 비둘기만 한 새끼에는 필히 어떤 이유가 있을 것이라고 생각했다. 그러나 장효생이 말한 딱새의 새끼를 직접 본 신하는 단정코 다른 새가 낳은 것이 아니라고 세종에게 보고했다.

## 자식들이 지켜보는 앞에서는 차마

그럼 중국 천자가 기르는 개의 경우 왜 독수리가 먹이로 잡아다가 그렇게 새끼들과 함께 개를 애지중지 키우게 된 것일까.

이에 대한 해답은 북해 멤머트 섬에 서식하는 재갈매기에 대한 과학자들의 연구 결과에서 얻을 수 있다. 1만 마리 이상의 재갈매기들이 새끼를 낳고 부화시키는 멤머트 섬은 번식철이 되면 온통 아수라장으로 변한다.

과밀한 서식지에서 서로 새끼들을 먹여 살리려 경쟁하다 보니 둥지 영역

◀ 과밀한 서식지에 사는 재갈매기. 이들은 먹이를 차지하기 위해 서로서로 죽이기도 한다.

싸움은 물론 심지어 동족을 죽여서 먹이로 삼는 카니발리즘까지 성행하기도 한다. 과학자들은 다른 둥지에서 새끼를 낚아채 자기 새끼들에게로 날아간 재갈매기 유괴범 한 마리를 관찰할 수 있었다.

잡혀 온 새끼는 다행히도 유괴범의 둥지에 도착할 때까지 살아 있어서 그 둥지 속에서 유괴범 새끼들에게 둘러싸여 슬픈 울음소리를 냈다. 그런데 그때 놀라운 일이 벌어졌다. 유괴범 재갈매기가 그 새끼를 죽여 자기 새끼들에게 먹이로 주지 않고 그냥 놔두었던 것이다.

그러고는 자기 새끼들과 함께 키우기 시작했다. 즉 독수리의 경우처럼 먹이로 잡아 와서는 죽이지 않고 도리어 자기 자식으로 입양해 버린 것이다. 맹금류에게 어미를 잃고 고아가 된 재갈매기 새끼의 사례를 살펴보면 그에 대한 이유가 좀 더 명확해진다.

멤머트 섬에서 재갈매기 한 가족이 차지할 수 있는 둥지 영역은 2제곱미터 남짓하다. 따라서 어미를 잃은 새끼들은 다른 재갈매기에 의해 그 둥지에서 쫓겨나는 것은 물론 목숨도 부지할 수 없게 된다.

어미를 잃고 둥지에서 쫓겨난 세 마리의 재갈매기 새끼 중 한 마리는 이웃집 재갈매기 어미의 공격으로 죽고 다른 한 마리는 놀라서 어디론가 총총히 사라져 버렸다. 그런데 마지막으로 남은 새끼 한 마리는 아주 영리한 행동을 취했다.

덤불 속에 몸을 숨기고 있다가 형제를 죽인 바로 그 이웃 갈매기가 새끼를 품으러 가자 슬며시 뒤로 다가간 것이다. 이를 눈치챈 이웃 갈매기는 곧 날카로운 울음소리를 내며 위협했지만 새끼는 그대로 달려서 둥지 앞까지 접근했다.

그러자 방금 전까지만 해도 그의 형제를 물어 죽였던 재갈매기가 다정하게 날갯짓을 하며 그 새끼를 둥지 속으로 불러들이고는 자기 새끼들과 함께 품어 주는 것이 아닌가. 이웃 재갈매기의 그 같은 행동의 비밀은 바로 모성애였다. 새끼를 기르는 재갈매기들은 자신의 새끼들이 보고 있는 둥지 가까이서는 남의 새끼를 공격하거나 죽이지 않기 때문이다.

## 타조의 이기적인 입양

재갈매기의 경우 모성애 때문에 어쩔 수 없이 남의 새끼를 입양하지만 애당초부터 계획적으로 그런 일을 저지르는 동물도 있다. 타조는 서열이 제일 높은 우두머리 암컷이 알을 낳으면 다른 암컷들에게도 자신의 둥지에 알을 낳게 하고서는 혼자서 자기 알과 다른 타조의 알을 모두 품는다.

▲ 우두머리 암컷 타조는 남의 새끼를 입양해 키우는 습성이 있다.

또 새끼가 태어난 후에도 새끼를 거느린 다른 타조 어미를 만나면 싸워서 그 새끼들을 빼앗아 자신이 키운다. 타조의 이런

집착적인 입양 행위는 '희석효과'라는 가설로 설명되곤 한다.

다른 암컷들에게 자신의 둥지에 알을 낳게 한 우두머리 암컷은 자신의 알은 가운데 놓고 다른 알은 가장자리로 빙 둘러서 배열한다. 그렇게 해 놓으면 외부의 침입자가 와서 알을 훔쳐도 자신의 알은 그에 대한 위험이 상당히 줄어들기 때문이다.

또 새끼를 키울 때도 빼앗아온 남의 새끼들은 뒤쪽이나 가장자리에 세우고 돌아다닌다. 그러면 맹수들의 공격에서 자기 새끼들이 화를 당할 확률이 그만큼 낮아진다. 즉 자기 새끼들이 위험에 닥칠 확률이 다른 새끼들로 인해 낮아지는 희석효과를 노린 행위다.

그러나 새끼들이 많으면 많을수록 포식동물의 눈에 띌 확률이 높아지므로 우두머리 암컷 타조의 집착적인 입양에 대한 정확한 이유는 아직 명확하게 밝혀지지 않고 있다.

새들이 남의 둥지에 알을 낳는 습성을 일컬어 **'탁란'** 또는 '번식기생'이라고 한다. 갈매기들이 한 번에 낳을 수 있는 알의 수는 보통 3개인데, 종종 5~6개의 알을 품고 있는 개체를 볼 수 있다. 그것은 나머지 2~3개의 알이 탁란이라는 의미다. 둥지를 마련하기 힘들거나 새끼를 키우기엔 아직 미숙한 암컷 갈매기들이 종종 이런 탁란을 하곤 한다.

**탁란 [托卵]**

탁란으로 가장 잘 알려진 조류는 뻐꾸기, 두견이, 벙어리뻐꾸기, 매사촌 등이다. 대개 자기 알 빛깔과 매우 비슷한 새의 둥우리를 선택한다. 기생할 조류가 산란중이거나 알을 품고 있을 때, 둥우리가 빈 사이를 노려 자기의 알 1개를 넣고, 기생주의 알 1개를 빼낸다.

한편 같은 종끼리 알을 맡기는 종내 탁란 이외에 생판 모르는 다른 종에게 탁란하는 새도 있다. 그 대표적인 새가 뻐꾸기다. 그런데 『조선왕조실록』을 보면 뻐꾸기가 이와는 전혀 다른 이미지로 그려지고 있다.

1407년(태종 7) 5월 22일 형조 우참의 안노생 등이 올린 상소문에는 다음과 같은 문구가 들어 있었다.

"조부와 자손은 실로 한 기운의 나눔이니 뻐꾸기의 마음을 본받는다면 어찌 자손의 송사(訟事)가 있겠습니까?"

내용인즉 뻐꾸기를 본받는다면 집안 자손의 다툼이 일어나지 않을 것이라는 말이다. 또한 1449년(세종 31) 5월 28일 군자 판관 조휘가 올린 상소문에도 비슷한 의미의 문구가 들어 있다.

"아비가 비록 사랑하는 것이 고르지 못하여 혹시 뻐꾸기만 못하다 하더라도 박숭경으로서는 마땅히 순하게 그 뜻을 받아서 형제간에 화합하고 모자간에 처음 같이 하는 것이 그의 직분인데, 도리어 앞뒤를 생각지 않고 분을 품고 성을 내어 말과 낯빛이 흥분되어서 모자가 서로 해치기까지 하였음은 강상(綱常)을 무너뜨리고 어지럽힌 것이니 추방하여도 가하고 죽여도 가합니다."

왜 이들은 부모와 자식 간의 사랑을 하필이면 뻐꾸기에 비유하여 표현했을까? 그것은 당시 사람들이 뻐꾸기를 공평하고 현명하게 자식 사랑을 실천하는 영리한 새로 인식했기 때문이다. 즉 뻐꾸기는 새끼에게 먹이를 먹일 때 아침에는 위에서부터 아래로, 저녁에는 아래에서부터 위로 먹여서 똑같이 부족함 없이 키운다는 데서 나온 말이다.

## 그 어미에 그 자식

하지만 요즘에는 뻐꾸기에 대한 인식이 그와는 매우 다르다. 한때 '뻐꾸

기 엄마'라는 유행어가 나돈 적이 있다. 이는 새로 태어나는 아이들의 병역 면제 혜택이나 시민권 획득 등을 위해 해외까지 가서 아이를 낳는 원정출산모들을 일컫는 말이다. 조국을 두고 남의 나라에서 출산하는 것이 뻐꾸기와 비슷하다 해서 만들어진 유행어였다.

뻐꾸기는 알을 낳을 때가 되면 풀숲에 둥지를 마련하는 뱁새 주위를 맴돌며 눈치를 본다. 뱁새는 인가 주변에서 흔히 볼 수 있는 작은 새로, 정식 이름은 붉은머리오목눈이다. 뱁새는 덤불 속에 지은 둥지에 청색 알을 3~5개 정도 낳는데 그때 스토커처럼 뱁새 주위를 맴돌던 뻐꾸기의 행동이 개시된다.

뻐꾸기는 먼저 뱁새가 자리를 비운 사이 둥지로 날아와 알을 확인하고는 그중 하나를 훔쳐 간다. 그리고 얼마쯤 시간이 흐른 뒤 다시 날아와 뱁새 둥지에다 자기 알을 낳는다. 그러고는 다시 뱁새 알 하나를 훔쳐서 훌쩍 날아가 버린다.

뻐꾸기 알은 뱁새 알보다 두세 배쯤 크기가 큰 데도 둥지로 돌아온 뱁새는 그대로 알을 품어 준다. 뻐꾸기는 12~15개의 알을 낳는데 그럼 나머지 알을 어떻게 하는 걸까. 걱정할 필요는 없다.

뱁새의 행동영역은 반경 700미터에 불과하지만 뻐꾸기의 행동영역은 반경 3킬로미터에 이른다. 즉 뻐꾸기 영역 내에는 뱁새 둥지가 10여 개 정도 있기 마련이다. 따라서 뻐꾸기는 한 둥지에 하나씩만 몰래 탁란을 해도 충분히 알을 다 낳을 수 있다.

뱁새보다 조금 늦게 낳았지만 뻐꾸기 알은 뱁새 알보다 2~3일 먼저 부화한다. 그러면 뱁새 어미는 알껍데기를 먹어 치운 다음 새끼를 품어서 젖은 몸을 말려 준다. 하지만 이때부터 참혹한 일이 벌어진다.

모전자전이라 했던가. 아니, 뻐꾸기 새끼는 남의 둥지에 알을 몰래 맡긴

◀ 뻐꾸기 새끼는 태어나자마자 다른 알들을 둥지 밖으로 밀어낸다.

어미보다 한 술 더 떠서 태어나자마자 희한한 일을 저지른다. 눈도 뜨지 못한 뻐꾸기 새끼는 아직 태어나지 않은 뱁새 알을 둥지 밖으로 가차 없이 밀어내 버린다. 보이지 않으니, 차가운 것이 닿는 느낌만 있으면 무조건 밀어내는 것인데 이는 본능적인 행동이다.

둥지가 너무 깊어서 알을 전부 밖으로 밀어내지 못하는 경우도 있다. 그러면 뱁새 새끼가 태어난 후에도 뻐꾸기 새끼는 계속해서 자기보다 훨씬 작은 몸집의 뱁새 새끼들을 둥지 밖으로 밀어내 버린다. 자신 외에 한 마리도 남지 않을 때까지.

심지어 뱁새 어미가 먹이를 주며 자신을 지켜보고 있는 상황에서도 그런 살육 행위는 계속된다. 덩치가 큰 뻐꾸기 새끼로서는 뱁새 새끼 5마리가 먹는 먹이를 독차지해야 살아남을 수 있기 때문이다.

혼자 남겨진 뻐꾸기 새끼는 성장하면서도 끊임없이 계모인 뱁새를 속인다. 보통 새의 새끼는 '삐악……, 삐악……, 삐악……' 하며 단속적으로 울지만 뻐꾸기 새끼는 '삐악, 삐악, 삐악' 하며 연속적으로 울어서 뱁새 새끼들의 전체 울음소리를 흉내 낸다. 그래야만 뱁새가 여러 마리의 새끼가 있는 것으로 착각해 먹이를 자주 물어다 주기 때문이다.

## 기생조와 숙주새 간의 군비 경쟁

하지만 뱁새도 영 바보는 아니다. 처음에는 뻐꾸기 새끼를 아무 의심 없이 받아들이지만 그 같은 일이 몇 번 반복되면 스스로 방어 대책을 세우게 된다. 뻐꾸기 알을 가려내 버린다든가 둥지를 옮기기도 한다.

호주의 조류학자가 관찰한 바에 의하면 뻐꾸기 알을 양자로 삼은 굴뚝

새의 경우 울음소리 등을 통해 자기 새끼가 아니라는 것을 알고는 뻐꾸기 새끼를 굶겨 죽이기도 하는 것으로 드러났다.

또 우리나라의 뱁새는 흰색 알을 낳아서 청색의 뻐꾸기 알과 구분하기도 한다. 그러나 이에 대한 뻐꾸기들의 대응 또한 만만치 않다.

굴뚝새의 둥지에서 태어난 호주의 뻐꾸기 새끼들은 먹이를 달라고 외치는 굴뚝새 새끼들의 울음소리를 똑같이 흉내 내기 시작했다. 또 최근에 알려진 바에 의하면 우리나라 일부 뻐꾸기들이 흰색에 가까운 알을 낳아 흰색 알을 낳는 뱁새를 감쪽같이 속인다는 것이다.

냉전시대의 강대국들처럼 탁란을 하는 기생조와 남의 새끼를 기르는 숙주새 간에 끊임없는 군비경쟁이 이루어지고 있는 셈이다. 이처럼 군비 경쟁이 계속 이루어지다 보면 언젠가는 결국 일이 터지고 만다. 자신의 알을 내다버린 숙주새의 둥지를 발견하면 뻐꾸기는 그 둥지 자체를 파괴해 버린다. 피해를 당한 새가 다른 곳에 새로 둥지를 만들면 또다시 찾아가 부숴 버리는 경우도 있다.

또한 자신의 알보다 숙주새의 새끼들이 먼저 태어날 경우 뻐꾸기는 그 새끼들을 무자비하게 죽여 버린다. 숙주새가 새로 알을 낳으면 다시 탁란하기 위한 속셈이다.

미국 연구팀이 남의 둥지에 알을 낳는 갈색머리 찌르레기를 관찰한 결과, 이런 무자비한 보복 행위가 그대로 드러났다. 휘파람새는 갈색머리 찌르레기의 탁란을 비교적 순순히 받아들이는 편이다. 그런데 연구팀이 휘파람새의 둥지에서 찌르레기 알을 치우자 그것을 눈치챈 찌르레기가 둥지를 쑥대밭으로 만들어 놓았다는 것이다.

◀ 자신보다 몸집이 훨씬 커져 버린 뻐꾸기 새끼에게 먹이를 주고 있는 뱁새 어미.

둥지가 없어진 휘파람새는 어쩔 수 없이 새 둥지를 지어서 알을 낳는다. 그러면 분탕질을 한 찌르레기가 다시 와서 거기다 탁란을 하는 것으로 드러났다.

## 뻐꾸기는 마피아

탁란을 하는 기생조들의 이 같은 무자비한 보복 행위를 일컬어 '마피아 가설'이라고 한다. 위협을 하고 상대가 말을 듣지 않으면 보복을 일삼는 마피아와 흡사하기 때문이다. 그럼 왜 뻐꾸기는 자기 새끼를 직접 키우지 않고 남에다 맡기는 것일까. 알고 보면 남모르는 속사정이 있다.

탁란은, 둥지를 만들고 새끼를 키우는 것보다 남에게 맡기는 것이 훨씬 생존에 유리하다는 것을 경험을 통해 깨달으면서 시작되었다. 하지만 이런 일을 되풀이하다 보니 뻐꾸기는 특이한 구조로 진화하게 됐다.

부리가 날카롭고 몸이 평평한 뻐꾸기는 가슴의 가로줄무늬와 다리를 덮은 털이 맹금류를 닮았다. 그러나 날렵하지 못한 비행 실력은 맹금류와 비교할 바가 못 된다. 또한 다리 근육이 발달하지 않아 둥지를 만들기가 어렵고 알을 품는 능력도 결핍되어 있다. 오랜 마피아 생활을 거치면서 이제는 자신이 직접 새끼를 키울 수도 없는 신세가 되어 버린 것이다.

딱새가 산비둘기만 한 새끼를 낳았다는 장효생의 보고를 미덥지 못해 한 세종이 만약 이런 사실을 알았더라면 조휘가 올린 상소문에 대해 토를 달았을지 모른다. 뻐꾸기는 결코 자식 사랑의 본보기로 삼을 수 있는 동물이 아니라고 말이다.

## 07
# 개의 머리를 달고 태어난 쌍둥이

1533년(중종 28) 어느 날, 정말 해괴한 일이 벌어졌다. 왕실의 종친인 서성정의 집에서 한 여종이 아이를 낳았다. 그런데 여종이 낳은 아이는 한 명이 아니라 아들 세쌍둥이였다.

즉 아들로만 한꺼번에 세 명을 낳았는데 그해 3월 9일자 『조선왕조실록』에서는 그에 대해 "날짜를 모르는 어느 날에는 종친 서성정의 집에서 한 여종이 한꺼번에 아들 세 쌍둥이를 낳았는데 사람 몸뚱이에 개의 머리여서 사람들이 모두 해괴하게 여겼다"고 적고 있다. 또 이는 음양의 기가 서로 화합하지 못했기 때문이라고 나름대로 원인도 밝혀 놓았다.

어떻게 사람 몸에 개의 머리를 한 아이가, 그것도 한꺼번에 세 명씩이나 나올 수 있단 말인가. 이 같은 현상은 이제까지 전 세계 어디에서도 보고된 바 없고 일어날 수도 없는 일이다. 그럼 왜 실록은 그 같은 괴이한 일을 버젓이 사실처럼 적어 놓았던 것일까.

이제까지 전 세계적으로 한 배에서 한 번에 태어난 최다 **쌍둥이** 기록은

◀ 2008년 10회 생일을 맞은, 추크우 부인의 여덟 쌍둥이.

아홉쌍둥이다. 기네스북에도 올라 있는 이 기록은 1971년 호주 시드니에서 출산한 어느 여인이 세웠다. 하지만 출산 당시 이미 세 명의 아이가 죽어 버려 6명만이 살아남았다.

그 후 1997년 11월 미국 아이오와에서 바비 맥코이로 부인이 4남 3녀의 일곱쌍둥이를 모두 건강하게 출산하여 쌍둥이 최고 기록을 세웠다. 하지만 그 기록은 다음 해 미국 텍사스 주의 은켐 추크우라는 여성에 의해 곧 갱신됐다.

추크우 부인은 2남 6녀의 여덟쌍둥이를 제왕절개를 통해 모두 무사히 출산했다. 여덟쌍둥이 출산은 그 전에도 몇 차례 있었지만 매번 그중 몇 명은 배 속에서 사산되는 경우가 있었다. 따라서 추크우 부인은 생존한 채 출산한 최다 쌍둥이 출산 기록을 세우게 되었다.

> **쌍둥이**
>
> 태아일 때는 쌍태라 하며, 그 출산빈도는 민족에 따라 다르다. 한국의 경우는 150~200회에 1회(0.6%)의 비율로, 이것은 네덜란드의 1.6%, 스웨덴 1.5%, 노르웨이 1.4%, 독일 1.3% 이탈리아 1.2%, 프랑스 1.1% 등의 유럽 여러 나라에 비해 훨씬 적은 편이다. 일반적으로 쌍생아의 출산빈도를 n회에 1회로 한다면, 세쌍둥이의 경우는 $n^2$회에 1회, 네쌍둥이는 $n^3$회에 1회 정도가 된다. 쌍태를 포함한 다태임신(多胎姙娠)은 모체에 과중한 부담이 되기 때문에 단태(單胎)의 경우와 비교해서 유산·조산·사산 등이 많다.

그러나 추크우 부인의 쌍둥이들은 다행히 산 채로 태어나긴 했지만 모두 중태여서 출산 즉시 인근 소아과 병원으로 옮겨져 치료를 받아야 했다. 그 중 체중이 가장 적었던 여아가 일주일 만에 사망했고 나머지 일곱 명은 건

강하게 자라고 있다.

## 69명의 아이를 낳은 러시아 여인

그럼 한 명의 여인이 일생 동안 아이를 가장 많이 낳은 기록은 과연 몇 명이나 될까. 이에 관한 세계 최고 기록은 러시아의 페오르드 바실리예바 부인이 지니고 있는데, 그녀는 1725년부터 1765년까지 모두 69명의 아이를 낳았다.

여자의 생리기간을 감안할 때 일생 동안 25회 이상은 출산이 불가능한 것으로 알려져 있다. 따라서 1년에 한 번씩 출산해도 아이는 총 25명에 불과하게 된다. 바실리예바 부인의 경우 40년간 아이를 출산했다고 하니 그래도 40명에 지나지 않는다. 도대체 어떻게 된 일일까.

그 비밀은 쌍둥이에 있었다. 바실리예바 부인은 총 27번 출산했는데 쌍둥이만 16번, 세쌍둥이를 7번, 네쌍둥이를 4번 출산해 모두 69명의 자녀가 되었다. 그중 2명만 유아기 때 사망하고 나머지는 모두 건강하게 자란 것으로 알려져 있다.

우리나라에서 기록상 가장 많은 쌍둥이를 낳은 사례는 신라 벌휴왕 때인 193년 3월의 다섯쌍둥이다. 『삼국사기』에 의하면 한지부(漢祇部)이 한 여인이 4남 1녀의 다섯쌍둥이를 한꺼번에 낳았다고 되어 있다.

네쌍둥이와 세쌍둥이 기록은 비교적 흔해서 조선시대만 해도 네쌍둥이는 5회, 세쌍둥이는 약 140여 회 기록되어 있다. 쌍둥이는 비교적 흔한 일이므로 기록조차 되지 않았지만 세쌍둥이 이상의 경우 국가에서 곡식을 하사하며 축하해 주었다.

1420년(세종 2) 12월 20일 "경상도 언양 사람 이신기의 처가 한 번에 세 아들을 낳았으므로 쌀을 하사했다."고 되어 있으며, 1436년(세종 18)에는 "광주 사람 한막금의 아내가 한꺼번에 세 남자 아이를 분만하여 쌀과 콩을 아울러 10석을 주었다."는 기록이 남아 있다.

이렇게 포상한 것은 인구 증가가 절실히 필요했던 농업국가에서 인구장려책의 일환으로 쌍둥이 출산을 반갑게 여겼기 때문으로 해석할 수 있다.

참고로 조선시대 인구 현황을 살펴보면 1669년(현종 10) 서울과 지방의 호수는 134만 2,074호이고 인구는 516만 4,524명으로 집계되어 있다. 그 후 1747년(영조 23) 인구 조사에 의하면 전국 팔도의 호수가 172만 5,538호, 인구는 734만 318명으로 비로소 700만을 넘고 있다.

그러나 조선시대의 호구 조사는 주로 과세대상 인구만 파악했으므로 노인, 어린이, 노비, 여자 들이 빠져 있을 가능성이 많다. 또한 서민들의 경우 과세대상에서 빼기 위해 고의로 16~60세까지의 장정들을 호구 조사에 포함시키지 않았을 수도 있다.

## 흉조가 된 쌍둥이 출산

그런데 조선시대 쌍둥이 기록을 면밀하게 살펴보면 특이한 점을 몇 가지 발견할 수 있다. 첫 번째는 세쌍둥이 중 3남의 기록이 제일 많다는 점이다. 이는 당시의 남아 선호사상이 출산 당사자 및 관원들의 보고 체계에 영향을 끼쳤기 때문인 것으로 풀이된다.

◀ 조선시대 세쌍둥이의 출산은 천민 계층과 지방에서 많이 나왔다는 특징이 있다(사진은 조선시대 어린이 모습).

그러나 조정에서는 세쌍둥이 출산 시 남녀를 불문하고 곡식을 하사했으므로 3녀 세쌍둥이의 출산도 심심찮게 기록으로 남아 있다.

두 번째는 세쌍둥이를 낳은 이가 대부분 종이나 천민 또는 상민들이라는 점이다. 양반이 세쌍둥이를 낳았다는 기록은 거의 보이지 않는다. 이렇게 볼 때 지체 있는 집안의 경우 세쌍둥이를 낳은 사실을 숨기지 않았을까 하는 추측이 가능하다.

쌍둥이만 낳아도 좀 특이하게 생각하는 경향이 있었던 우리나라에서 세쌍둥이를 낳았다고 하면 지체 있는 양반 가문에서는 그리 품위 있는 일은 아니었을 것이다. 그러나 천민들의 경우 그런 일을 숨길 수도 없었고 나라에서 하사하는 곡식 때문에라도 스스로 보고한 것으로 보인다.

서울이나 경기 지역보다 주로 지방에서 세쌍둥이를 출산했다는 기록이 많은 것도 그런 사실을 뒷받침해 준다. 즉 세쌍둥이를 출산했을 경우 겉으로는 축하해 주는 분위기였으나 정작 당사자로서는 그리 경사스러운 일만은 아니었다는 얘기다.

이 같은 경향은 조선 후기로 가면서 점차 세쌍둥이 출산에 대한 포상이 줄어들고 있다는 사실에서도 감지할 수 있다. 1502년(연산군 8) 강릉에 사는 백성이 한 배에 사내아이 둘과 계집아이 하나를 낳았다는 보고가 올라

오자 쌀과 콩을 하사하도록 했다.

그러나 나흘 후 연산군은 그에 대해 제재를 걸었다. 즉 한 배에 세쌍둥이를 낳은 것은 괴이한 일인데 왜 쌀을 내려주는지를 따지고 든 것이다. 이에 대해 예조에서는 "어린애를 기르기 어렵기 때문에 내려주는 것으로 생각한다."고 보고했다.

세쌍둥이 출산의 경우 조선 전기에는 곡식 포상이 10석, 7석, 5석 등으로 명확히 기록되어 있지만, 후기로 갈수록 곡식을 하사했다는 기록만 있을 뿐 그 양이 밝혀져 있지 않다. 또 후기로 갈수록 세쌍둥이의 출산 건수도 점차 줄어들고 있다. 이는 세쌍둥이의 출현을 더 이상 길조나 경사로 받아들이지 않고 있음을 뜻한다.

중종 때의 개 머리 형상을 한 세쌍둥이에 대한 기록도 그런 연유에서 비롯된 것으로 보인다. 그날 『중종실록』에는 세쌍둥이의 출산 기록에 앞서 이상한 형상을 한 유성이 북극성 아래에 출현한 사실을 기록하며 천변(天變)이 극도에 이르렀다고 적고 있다. 이는 이상 천문현상과 세쌍둥이의 출현 사실을 불길한 재이로 함께 다루고 있다는 증거다.

한편 『조선왕조실록』 속에는 아주 특이한 케이스인 샴쌍둥이의 출산 사실도 기록되어 있다.

## 샴쌍둥이를 낳은 여종

1667년(현종 8) 3월 10일자의 『조선왕조실록』에는 다음과 같이 적혀 있다.

"통진현의 사비(私婢: 사가에서 부리던 종) 사옥이 한 배에 세쌍둥이 딸을 낳았다. 두 딸은 각각 얼굴과 팔다리가 있었지만 두 배가 합쳐져서 하나였는데 곧바로 다 죽었다."

사옥이 낳은 세쌍둥이 중 배가 합쳐진 두 딸은 샴쌍둥이임을 의미한다. 샴쌍둥이란 이처럼 신체 일부가 결합된 상태로 태어나는 쌍둥이로서, 주로 가슴, 배, 등, 엉덩이, 머리 등이 붙은 채로 태어난다.

정상 출산 10만 회 중 1회꼴로 발생하는 샴쌍둥이의 경우 약 60퍼센트가 죽은 채로 태어난다. 또 약 35퍼센트는 사옥이가 낳은 쌍둥이처럼 출생 후 24시간 이내 사망하는 것으로 알려져 있다. 그런데 샴쌍둥이와 다른 한 명의 태아인 세쌍둥이를 낳은 사옥은 매우 특이한 케이스라고 볼 수 있다.

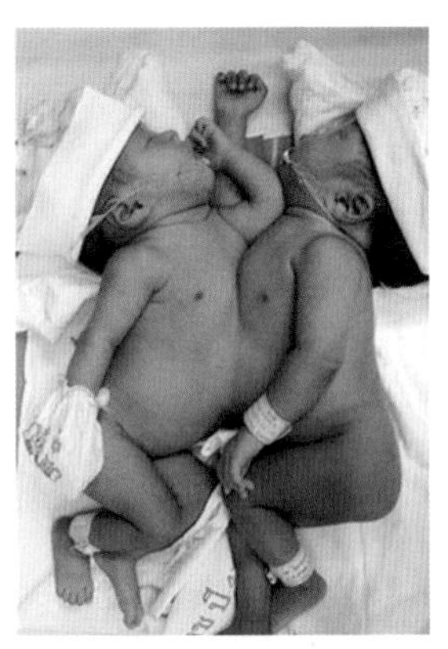

▲ 신체의 일부가 붙은 샴쌍둥이는 약 95퍼센트가 죽어서 태어나거나 출생 후 곧바로 사망한다.

그것은 쌍둥이가 만들어지는 과정을 구체적으로 살펴보면 이해할 수 있다. 정자와 난자가 수정되어 만들어진 수정란은 세포분열을 하며 2개→4개→8개→16개의 세포로 분열되는 난할기를 거치면서 배엽이 만들어지고 신체의 각 기관이 생성되어 새 생명이 태어나게 된다.

이때 하나의 수정란에서 2개로 분열된 세포(난할구)가 완전하게 분리된 채 따로따로 독자적인 발생과정을 거쳐서 생명이 자라게 된 경우가 바로 일란성 쌍둥이다. 때문에 일란성 쌍둥이는 염색체와 유전자 구성이 똑같아, 성별도 동일하고 생긴 모습도 똑같다.

그런데 간혹 하나의 수정란에서 2개의 세포로 분리될 때 난할구가 불완전하게 분리된 채 따로따로 독자적인 발생과정을 거쳐서 태어나는 쌍둥이도 생길 수 있다. 이런 경우 신체의 일부분이 붙어 있는 샴쌍둥이가 된다.

따라서 샴쌍둥이는 초기에 나누어진 태아 중 한쪽은 정상적으로 발생하고 다른 한쪽은 신체 일부만이 발생되어 정상아의 몸에 붙은 채 태어나는 경우도 간혹 있다. 예를 들면 정상적으로 출생한 태아의 배에 다른 쌍둥이의 다리 혹은 팔 부분만이 붙어 있을 수도 있는 것이다.

이에 비해 생김새가 다르고 혹은 성별이 다르게 태어날 수 있는 이란성

쌍둥이는 두 개의 난자에 두 개의 정자가 각각 수정되어 태어나는 경우이다. 만약 여성이 3개의 난자를 배출하여 거기에 3개의 정자가 각각 수정된다면 염색체와 유전자 구성이 서로 다른 삼란성 쌍둥이가 태어나게 된다. 거기에다 이 삼란성 쌍둥이가 2세포기에서 모두 똑같이 독자적인 발생과정을 거친다면 세 쌍의 일란성 쌍둥이인 여섯쌍둥이가 태어날 수 있다.

이렇게 볼 때 통진현에 살던 사옥이는 두 개의 난자를 배출하여 두 개의 정자가 각각 수정된 후, 다시 하나의 수정란에서 일란성 쌍둥이가 만들어질 때 불완전하게 분리되어 일란성 샴쌍둥이와 또 다른 이란성 쌍둥이의 세쌍둥이를 낳은 것으로 보인다.

## 일곱 살 여아가 아들을 낳다

우리나라의 쌍둥이 출산 비율은 1970년대 말 무렵 임산부 250명당 1명꼴이었다. 그러다 1992년에는 약 100명당 1명꼴로 늘어났고 2006년에는 약 50명당 1명꼴인 2.14퍼센트의 쌍둥이 출산 비율을 나타내는 등 급속히 증가하고 있는 추세다.

이처럼 쌍둥이가 증가하는 것은 배란촉진제의 사용 및 시험관 아기 시술 증가에 그 원인이 있다. 여성 불임의 원인 중 하나는 나팔관이 막혀 난소에서 난자가 배란되지 않는 것이다.

인공수정 시술은 난소에서 난자를 직접 꺼내 정자와 시험관에서 수정시킨 뒤 다시 자궁 속에 넣어 착상시키는 방법이다. 그런데 인공수정 시술에서 착상에 성공하는 비율은 25~35퍼센트 정도에 불과하다.

따라서 병원에서는 인공수정의 성공률을 높이기 위해 많은 수의 난자를 사용한다. 배란을 촉진시키는 호르몬을 여성에게 주입하면 보통 10개 정도의 난자가 발생한다. 이 가운데 60~70퍼센트 정도가 인공수정에 성공하며 성공한 6~7개의 수정란 중 다시 3~4개를 자궁에 착상시킨다.

이는 25~35퍼센트인 착상 성공률을 감안한 조치인 것. 그런데 그 수정란 중 2개 이상에서 발생이 된다면 쌍둥이가 태어나게 된다. 이와 같은 시험관 아기 시술로 임신했을 때 쌍둥이가 태어날 확률은 약 30퍼센트에 달한다.

1985년 10월 12일에 태어난 우리나라 최초의 시험관 아기도 남자와 여자 아이의 이란성 쌍둥이였다. 또한 시험관 아기가 아니더라도 여성에게 배란촉진제를 사용하면 여러 개의 난자가 배란돼 이란성 쌍둥이를 낳을 확률이 높아진다.

조선시대에 출산과 관련된 사건 중 조정에까지 큰 파문을 일으켰던 것은 1767년(영조 43)에 있었던 '종단이 사건'이다. 종단이는 경상도 산음현(山陰縣)에 살던 일곱 살짜리 여자 아이였다. 그런데 그해 봄부터 종단이의 배가 점점 불러 오더니 한여름에 덜컥 사내아이를 출산하고 말았다.

일곱 살 먹은 여자 아이가 아기를 낳았다는 소식이 전해지자 조정이 발칵 뒤집어졌다. 영조는 그 아이를 가리켜 요괴의 인물 중의 큰 것이라고 하며 크게 우려했고 대신들은 아이를 없애 버리자고 청했다.

하지만 영조는 "이 역시 나의 백성 중의 한 아이이다. 어찌 무고한 사람을 죽일 수 있단 말인가."라고 말하며 만류했다. 대신 어사(御使)를 산음현에 파견해 상세한 내막을 알아오게 했다.

외신을 접하다 보면 가끔 어린아이의 배 속에서 태아가 발견되었다는 소

식이 전해지곤 한다. 2008년 5월 그리스에 사는 아홉 살짜리 소녀의 배 속에서 머리, 머리털, 눈 등이 있는 태아가 발견된 적이 있었다. 심지어 2008년 12월에는 사우디아라비아에서 한 살배기 여자 아이의 배 속에 태아가 있는 것이 밝혀져 충격을 주었다.

이 아이들의 배 속에서 발견된 태아는 바로 자신의 쌍둥이 형제들이었다. 이를 의학적 용어로 '기태류(寄胎瘤)' 또는 '태아 속 태아(fetus in fetu)'라고 한다. 배 속의 쌍둥이 중 한 쪽이 죽을 경우 죽은 아이가 살아 있는 아이의 몸속으로 흡수되는 현상 때문에 발생한다.

아직까지 원인이 규명되지 않은 이 현상은 전 세계적으로 약 100건 정도만 보고됐을 만큼 아주 희귀한 사례다.

2006년 중국 충칭의 한 오지마을에 사는 30대 남자의 배 속에서도 기태류가 발견되었다. 이 남자는 불어 오른 배 때문에 농사일을 제대로 하지 못할 만큼 힘들어했는데, 수술 결과 배 속에서 9킬로그램의 죽은 태아가 발견됐다. 이로 미루어 볼 때 어머니 배 속에서 그 남자의 몸에 들어간 쌍둥이가 그 상태에서 일정 기간 자란 것으로 추정할 수 있다.

2006년 파키스탄에서는 생후 2개월 된 여자 아이의 몸속에서 2명의 죽은 태아가 발견되기도 했다. 원래 세쌍둥이가 한 배 속에서 자라다 2명이 다른 한 명의 몸속으로 들어간 것이다.

그럼 종단이도 죽은 쌍둥이 형제의 기태류가 뒤늦게 발견된 경우일까? 영조가 파견한 어사의 현지 조사 결과, 그 진상이 낱낱이 밝혀졌다. 종단이의 경우 죽은 태아가 아닌, 살아 있는 건강한 사내아이를 출산했고 그 아비도 있었다.

종단이의 언니인 이단을 심문한 결과, 종단이를 임신하게 한 이는 소금 장수 송지명이었다. 이에 송지명은 곧 관가로 끌려오게 됐는데 곤장을 한 대 치기도 전에 자신이 한 일을 스스로 털어놓았다.

보고를 받은 영조는 종단이와 송지명, 종단이의 어미, 그리고 갓 태어난 남자아이를 섬에다 나누어 귀양 보내 노비로 삼으라고 명했다. 그리고 다음 날 산음과 안음(安陰)의 고을 명을 각각 산청(山淸)과 안의(安義)로 고치라는 명을 내렸다.

산음에는 일곱 살짜리 음부가 생겼고 안음은 정치량의 고향이라는 이유에서였다. 정치량은 1728년 이인좌, 박필현 등과 공모하여 영조를 밀어내고 밀풍군을 추대하기 위해 난을 일으킨 역신이었다.

그런데 영조는 일곱 살짜리 여자아이가 남자아이를 낳은 사건에 대해 왜 그리 민감하게 반응했을까. 그 이유는 그해 8월 1일자의 『영조실록』에서 찾아볼 수 있다.

"종단이의 일은 정말 괴이하다. 포사와 견훤의 일이 있었기 때문에 처음에는 매우 동심(動心: 자극을 받아 마음이 움직임)되었는데, 다시 생각해 보니 필시 이러한 여자가 이러한 사람을 낳을 리는 없기 때문에 마음을 쓰지 않았다."

여기서 포사는 주나라 유왕의 사랑을 받던 여자로서, 나이 어린 어떤 후궁이 도마뱀과 접하여 낳은 아이라는 고사가 있다. 또 견훤은 어머니가 큰 지렁이와 동침하여 낳게 되었다는 설화를 지니고 있다. 즉 영조는 종단이가 낳은 아이가 혹시 포사와 견훤의 경우처럼 나라를 위협할 인물이 아닐까 하고 내심 염려했던 것이다.

또한 영조는 종단이의 사건으로 인해 '남녀 칠세 부동석'이란 옛말에서 성인이 남녀를 일곱 살로 한계 삼았던 이유를 알 것 같다고 말했다. 그렇게

볼 때 경상도 산음에서 생긴 일을 이상하게 여길 것이 없다고 스스로 위안을 삼기도 했다.

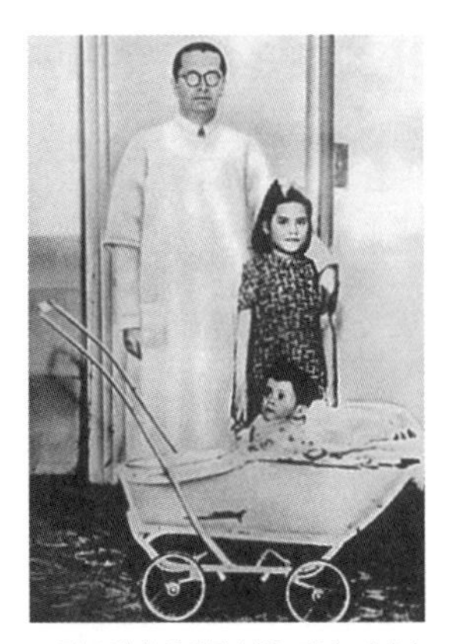

▲ 만 6세에 아이를 낳은 리나 메디나, 11개월 된 아들 그리고 담당 의사의 사진. 출산 다음 해인 1940년의 사진이다.

그럼 세계에서 나이가 가장 어린 산모는 과연 누구일까. 현재까지 해외 인터넷 사이트 등을 통해 알려진 바로는 페루의 리나 메디나(Lina Medina)이다. 리나는 1933년 9월 27일에 태어나 1939년 5월 14일에 아들 제라도(Gerardo)를 출산했다.

제왕절개에 의해 태어난 제라도는 몸무게 2.7킬로그램으로서, 건강하게 자랐다. 하지만 페루 정부에서 제대로 진상조사를 하지 않은 탓에 제라도의 아빠가 누구인지는 끝내 밝혀지지 않았다.

리나를 오랫동안 관찰한 의사에 의하면 리나는 생후 8개월부터 생리를 시작할 정도로 성조숙증이었다고 한다. 종단이도 태어난 지 스무하루가 되는 삼칠일에 이미 생리를 시작했고 아이를 밴 뒤 쑥쑥 자라서 열네댓 살 된 여자와 같았다는 기록이 있다.

그런데 여기서 잠깐 의문이 생긴다. 리나는 5세 8개월 만에 아이를 출산했지만 우리나라 식으로 계산해 보면 종단이와 똑같은 일곱 살이다. 그럼 종단이와 리나 중 세계 최연소 산모는 과연 누구일까. 종단이의 생일이 확인되지 않아 그것은 따질 수 없다. 다만 리나는 제왕절개에 의해 현대 의학의 도움을 받아가며 아이를 출산한 데 비해 종단이는 자연분만으로 출산했다는 점이 다르다고 할 수 있다.

종단이가 낳은 아이도 몹시 건강했는데, 유배지인 흑산도에 도착한 지

얼마 안 돼 종단이와 아들 모두 죽었다고 전해진다. 한편 리나가 낳은 아들인 제라도는 마흔 살이 되던 해인 1979년에 병으로 죽었으나 모친의 조기 임신과는 무관한 것으로 밝혀졌다.

제2부

# 조선을 뒤흔든 자연현상

## 08
# 조선 천지를 놀라게 한 지진

1901년 겨울 전북 남원시 주천면에서는 수많은 장정들이 동원된 공사가 한창이었다. 운봉으로 뻗은 지리산의 능선을 끊어 내는 공사였다. 몹시 추운 겨울철인 데다가 암반이 나와 물이 솟아오르는 등 공사에 애로사항이 많아 현지 관찰사가 철수를 요청했지만 공사 책임자인 안영중은 이를 듣지 않은 채 공사를 강행했다.

안영중이 이 공사를 진행하게 된 데에는 사연이 있었다. 본래 남원에 살았던 안영중은 주역에 심취해 있었는데 1894년에 일어난 동학농민운동 때 김개남에게 합류해 좌포장이 되었다.

▲ 15세기에서 18세기까지 약 400년간은 우리나라에서도 지진활동이 활발했다.

그러다가 김개남이 패하자 가족을 이끌고 서울로 도주해 이력을 감춘 채 살았다. 그 뒤 능란한 처세술로 궁중에 들어가 고종

에게 "지리산의 산맥이 바다를 건너 일본 땅이 되니 지리산의 맥을 끊으면 일본이 스스로 망할 것"이라고 아뢰었다.

그 말을 들은 고종이 기특하게 생각해 안영중을 양남도시찰사로 임명하여 공사를 맡긴 것이었다. 하지만 안영중은 산맥을 채 끊지도 않은 채 공사를 중지하고 말았다. 관찰사의 만류를 뿌리치며 한겨울에도 기세등등하게 공사를 밀어붙였던 그가 그만둔 까닭은 과연 무엇일까.

그것은 바로 지진 때문이었다. 전하는 바에 의하면 당시 지리산이 3일 동안 울었는데 그 울음소리가 수백 리 밖에까지 들렸다고 한다. 안영중은 지리산이 우는 소리를 듣고 두려움을 느껴 공사를 중단해 버렸다.

**매천야록 [梅泉野錄]**

한말의 시인·학자·우국지사인 황현(黃玹)이 기술한 한말비사(韓末秘史). 1864년(고종 1) 흥선대원군(興宣大院君)의 집정으로부터 1910년(순종 4) 국권을 빼앗길 때까지의 47년간의 한국 최근세사실(史實)을 기술한 역사책.

이 일화는 한국 최근세사 연구에 귀중한 사료가 되고 있는 조선 말기 유학자 황현의 『**매천야록**』에 기록되어 있다. 지금도 전북 남원시 주천면 고기리에 당시의 공사 흔적이 조금 남아 있다고 한다.

그 후 얼마 되지 않아서 안영중은 현풍군수가 되었는데, 1904년 12월 경상북도 순찰사에게 위협을 가하는 등 외람된 행동거지로 인해 현풍군수에서 파직된 후 서울로 압송돼 신문을 받는 처지가 된다.

## 1643년, 자고 일어나면 지진 소식

우리나라는 지각판의 경계인 일본이 앞에서 막아 주고 뒤에서는 중국이 지각판의 힘을 해소하는 중간 지점에 위치하므로, 지진으로부터 비교적 안

전한 것으로 알려져 있다. 그러나 조선 초기부터 중기 무렵까지 약 400여 년간은 한반도에서 지진활동이 매우 활발히 일어났다. 미국의 유명한 지진학자 찰스 리히터가 저서 『기초지진학』에서 이 시기의 한반도를 지진활동이 낮은 지역에서 이례적으로 지진이 빈발했던 예로 들고 있을 정도다.

그중 현대 과학의 기준으로 볼 때 가장 강력했던 지진으로 꼽을 수 있는 사례는 1643년(인조 21) 6월 9일에 일어난 지진이다. 그날 『인조실록』에는 다음과 같이 기록되어 있다.

"전국 각처에 지진이 있었다. 서울에 지진이 있었다. 경상도의 대구, 안동, 김해, 영덕 등 고을에도 지진이 있어 봉화대와 **성첩**이 많이 무너졌다. 울산부에서는 땅이 갈라지고 물이 솟구쳐 나왔다. 전라도에도 지진이 있었다."

**성첩 [城堞]**
성가퀴라고도 한다. 몸을 숨기고 적을 공격하기 위해 성 위에 낮게 덧쌓은 담을 말한다.

지진학자인 이기화 전 서울대 교수는 그날 울산 근처에서 일어난 지진을 진도 10으로 추정한 바 있다. 진도 10이면 돌로 지은 건물조차 파괴되며 땅의 갈라짐이 심하고 철도가 휘어지기도 하는 높은 등급이다.

그날 말고도 1643년에는 유난히 많은 지진이 발생했다. 4월 13일 서울에서 지진이 있었고 4월 23일에는 "경상도 진주에서 지진이 일어나 수목이 부러져 넘어지고 합천군에는 지진으로 바위가 무너져 두 사람이 압사했으며 오랫동안 물 마른 샘에 흙탕물이 솟구쳐 나오고 관문의 앞길에 땅이 10장이나 갈라졌다."고 한다.

또 4월 24일에는 전라도 지방에서 하루에 3차례의 지진이 있었는데 그 소리가 우레 같았다고 기록되어 있다. 사태가 이 지경에 이르자 인조는 대신들에게 "근래 지진이 너무 심하니 심히 걱정되고 두렵다."며 의논을 구했다.

## 옛 사람들의 지진에 대한 생각

지구 내부의 층 구조와 운동에 대해 전혀 알지 못했던 옛날 사람들에게는 지진이 가장 두려운 재이에 속했다. 때문에 지진이 일어나는 이유에 대해 상당히 엉뚱한 상상을 했다.

고대 그리스 신화에 나오는 포세이돈은 바다의 신이자 지진의 신이기도 했다. 그가 삼지창으로 바다를 찌르면 땅이 갈라지고 바닷물이 뒤집힌다고 했다. 옛 사람들에게 땅을 뒤흔들어 놓을 만한 힘을 가진 존재는 포세이돈 같은 신밖에 없었을 것이다.

한편 지역에 따라 지진을 일으키는 용의자에 대한 추정도 매우 다양했다. 인도에서는 땅을 받치고 있는 코끼리가 움직일 때 지진이 일어난다고 믿었으며, 아메리카 인디언들은 땅을 지탱하는 커다란 거북이가 걸음을 옮길 때 땅이 진동한다고 생각했다.

또 몽골인들은 땅을 짊어진 커다란 개구리가 움직이는 것이 지진이라고 믿었으며, 일본에서는 땅 아래 진흙 속의 메기가 파닥거리며 움직일 때 지진이 일어난다고 생각했다. 고대 중국에서는 용이 땅을 흔든다고 믿었는데, 사마천은 『사기』에서 "땅 속의 양기를 음기가 핍박해서 상승하지 못할 때 지진이 일어난다."고 서술하기도 했다.

▲ 포세이돈은 바다의 신이자 지진의 신이기도 했다.

우리나라에서는 대체로 임금이 신하들을 다스리는 일이 잘못되었을 때 지진이 일어난다고 믿었다. 숙종 때 최천벽이 천지의 이상 현상을 모아 엮은 『천동상위고』에 의하면, 임금이 약하고 신하가 강할 때 혹은 외척이 권력을 휘두르거나 왕후나 비빈이 정치에 관여할 때 지진이 일어난다고 되어 있다.

▲이익은 땅속의 빈 구멍에서 생겨나는 진동으로 인해 지진이 일어난다고 믿었다.

그런데 조선시대에서 가장 강력했던 지진이 일어났던 당시 인조는 좀 다른 생각을 하고 있었다. 그는 예로부터 지진의 변은 흔히 병란에 속했다며, 현재의 급선무가 장수감을 얻는 일이라고 말했다. 이에 신하들은 그 자리에서 인조에게 도성을 튼튼하게 지킬 수 있는 장수감을 서로 추천했다.

지진의 발생 원인에 대해 좀 더 합리적이고 과학적인 시각으로 접근한 이는 조선 후기의 실학자 이익이었다. 그는 저서 『성호사설』에서 지진은 땅속의 빈 구멍에서 생겨나는 진동이므로 지진이나 땅이 꺼지는 일은 하늘과 무관한 것이니 그리 놀랄 일이 아니라고 했다.

그는 땅속이 비어 있는 증거로 석굴을 예로 들며, 우리나라에도 굴이 있어 그 깊이를 알아낼 수 없는 경우가 있다고 적었다. 또 개울의 흐름이 단절되는 현상도 이와 관련해 설명했으며, 땅이 푹 꺼져 들어가는 것을 지함(地陷)이라 했다.

이익의 이 같은 시각은 놀랍게도 신이 아닌 다른 데서 지진의 원인을 설명한 그리스의 철학자 아리스토텔레스의 주장과 매우 비슷했다. 아리스토텔레스는 땅 밑의 구멍이나 굴에 많은 공기가 갇혀 있으며, 그 공기가 위로 올라가려고 할 때 지진이 일어난다고 설명했다.

그는 작은 지진은 공기가 큰 동굴의 천장을 밀어서 발생하며, 큰 지진은

갇힌 공기가 동굴 바닥을 무너뜨려 발생한다고 생각했다. 또한 땅속의 공기가 갑자기 동굴을 무너뜨리는 이유에 대해서도 설명했다. 즉 해변의 커다란 동굴에 파도가 쳐서 밀려들어오면 공기압이 높아지는데 이때 공기가 분출되어 압력을 못이기고 그렇게 된다는 것이다.

## 땅이 불타고 있습니다

지진과 관련된 것임이 밝혀지지 않았지만, 삼국 시대에는 지변(地變)에 의해 땅에 불이 났다는 기록이 2회 있다. 또 고려 시대에도 땅이 불탔다는 기록이 2회 있는데, 이런 현상과 관련해 우리나라에도 혹시 유전이 있지 않을까 하고 짐작하는 이들도 있었다.

1976년 1월 15일에 열린 박정희 대통령의 연두기자회견에서 그와 관련한 대표적인 에피소드가 연출되었다. 박정희 대통령은 연두기자회견 말미에 한 기자의 질문에 대한 답변에서 놀라운 사실을 밝혔다. 포항에서 질 좋은 석유가 나왔다는 항간의 소문이 사실이라고 말한 것이다.

더불어 외국 전문가를 불러 경제성이 있는지 조사하고 있으니 국민들은 차분히 기다려 달라고 당부했다. 박 대통령의 발언은 전 국민을 흥분의 도가니로 몰아넣었다. 언론에서는 '이제 세금을 내지 않아도 되는 시대가 온다'는 식의 기사를 쏟아냈고 주식 시장은 달아올랐다.

당시 유전 발견으로 전국을 들뜨게 했던 곳은 경북 포항시 해도동 일대에 소재한 연일유전이었다. 1975년 12월 연일유전의 지하 1,475미터 지점에서 원유가 발견된 것. 연일유전은 1965년부터 한 개인이 지하 640미터

迎日서 石油가 나왔다

朝鮮日報

地下1千5百m - 성분良質

월말부터 埋藏量 본격探査

低所得層 租…

維政會는 대…

◀ 포항에서 석유가 나온다고 발표한 기자회견을 보도한 당시 신문.

지점에서 원유를 발견했다고 주장한 이후 관심을 끌어오던 곳이었다.

그 후 중앙정보부가 특별탐사팀을 구성해 지하 3,000미터까지 파 내려갔으나 1977년 4월 시추 작업이 전면 중단됐다. 그곳에서 중생대 백악기층의 기반암인 화강암류가 나오자 지질학상 그 하부에 석유근원암이 있을 수 없다고 판명되었기 때문이다. 이로 인해 연일유전의 석유 발견 건은 일단 해프닝으로 막을 내렸지만, 그 후에도 부근의 유전 가능성이 간혹 제기되곤 했다. 특히 경주와 포항 일대에 유전 가능성이 집중된 까닭은 아마 삼국시대에 땅이 불탔다는 기록과 관련이 있는 것으로 보인다.

609년 정월, 신라 경주의 모지악에서 가로 세로가 각기 4보, 8보이고 깊이는 5자나 되는 땅에 불이 났는데 10월 15일이 되어서야 꺼졌다고 한다. 또 657년 7월에는 경주 토함산 동쪽에서 불이 나 3년이나 탔다고 기록되어 있다.

중동 지역의 두 번째 유전이자 이라크에서는 처음으로 발견된 바바 거거 1호 유전도 땅이 불탄 곳이라는 옛 기록과 관련이 있다. 고대 그리스 시대에 저술된 『플루타르크 영웅전』에서는 바바 거거 부근의 '불 뿜는 땅'에 대한 묘사가 나온다. 또 구약성서 다니엘서에서 바빌론의 느부갓네살 왕이 우상 숭배를 거부하는 유대인 3명을 집어던진 '불타는 화구'가 바로 이 지

역이라는 설도 있다.

한편 고려시대에 땅이 탔다고 기록된 곳은 북쪽 지방이었다. 1130년 11월 백주(지금의 황해도 연백군) 토산 서남의 땅속에서 불이 솟아나와 3개월가량 타다가 비가 와서 꺼졌다고 한다.

또 1180년 3월에는 평양의 관원이 "의연촌에서 땅에 불이 나 사방 6자 남짓 탔는데 연기와 그을음이 그치지 않았다."고 보고했다. 이때 땅이 불탄 것은 석탄이 탄 것이라고 보는 의견이 대체로 많다.

## 조선 여인의 울음을 예고한 지진

옛사람들에게 가장 심각한 재이에 해당했던 지진은 조선시대의 정승들을 자리에서 물러나게 하는 위력도 발휘하곤 했다. 1493년(성종 24) 2월 9일 서울에서 지진이 일어나자 그다음 날 영의정 윤필상 등이 임금을 알현하여 사직을 청했다.

도성에서 지진이 난 것은 신하들이 관청의 업무를 소홀히 한 탓이라는 이유에서였다. 이에 대해 성종은 "잘못은 사실 나에게 있는데, 경들에게 무슨 관계가 있겠는가."라며 사직을 허락하지 않았다.

그 후 1513년(중종 8) 5월 16일 경기도 여주 및 충청도 청주 등지에서 지진이 발생하자 좌의정 송일이 사직하겠다고 나섰으며, 1515년(중종 10) 3월 및 1542년(중종 37) 1월 지진 시에는 3정승이 모두 사직을 청했다. 물론 중종도 그 책임이 자신에게 있다며 사직을 허락하지 않았다.

조선시대에서 가장 슬프고도 처절했던 사건을 낳은 지진은 1408년(태종

◀ 중국 사신들이 묵던 모화루는 후에 독립관으로 개수되었다.

8) 4월 15일에 일어난 지진이었다. 그날 기록을 보면 "밤에 지진이 일어 집이 모두 흔들렸다."고 되어 있다.

그리고 다음 날 태종은 서대문 밖 북서쪽에 있는 모화루에 백관을 거느리고 나가 명나라 황제가 보낸 사신 일행을 영접했다. 명나라 사신은 칙서를 통해 "전에 보낸 말 3,000필을 잘 받았고 그에 대한 보답으로 황제의 하사품을 내린다."는 말을 전했다. 그러고 나서 사신 대표인 황엄은 이상한 말을 태종에게 건넸다. "조선국에 가서 국왕에게 말해 잘생긴 여자가 있으면 몇 명을 간택해 데리고 오라."는 명을 받았다는 것.

그날 이후 태종은 공녀 선발을 담당하는 관청인 진헌색(進獻色)을 설치하고 전국에 금혼령을 내렸다. 또 각도에 관리를 보내 처녀를 간택하게 했는데 그 대상은 노비나 몰락한 양반, 서인의 딸을 제외한 양갓집의 13세 이상 25세 이하의 여인이었다.

미관말직의 경우 명나라 황제에게 딸을 보내는 것은 어쩌면 좋은 기회가 될 수도 있다. 명나라 궁궐에 가면 여자는 작위를 받게 되고 그 가족들에게도 벼슬이나 비단, 황금 같은 하사품이 내려지기 때문이다. 만약 황제의 눈에라도 들게 되면 그보다 더한 황은이 내려질지도 모를 일이었다.

하지만 딸을 보내려고 하는 양반들은 별로 없었다. 도리어 금혼령이 내

려지자 딸을 가진 집안에서는 딸을 숨기느라 여념이 없었다. 그 같은 분위기는 7월 2일 경복궁에서 명나라 사신들이 전국 각처에서 선발된 처녀들을 직접 면접하는 자리에서도 여실히 드러났다.

어떤 처녀는 중풍이 든 것처럼 머리를 흔들거나 입이 돌아간 표정을 하는가 하면, 심지어 다리가 병든 것같이 절룩거리기도 했다. 이에 황엄은 처녀 중에서 미색이 없다는 이유로 몹시 화를 내며 경상도를 담당하던 조선의 관리를 잡아 결박하고 곤장을 치려고까지 하는 무례한 행동을 보였다.

그 말을 들은 태종은 신하를 보내 "계집아이들이 멀리 부모 곁을 떠날 것을 근심하여 먹어도 음식 맛을 알지 못해 날로 수척해진 때문이니 다시 중국의 화장을 시켜 놓고 보시오."라고 전하며 황엄을 달랬다.

3일 후 황엄 일행은 경복궁에서 두 번째 처녀 면접을 실시했다. 처녀들은 모두 중국식 의복을 입고 중국식 화장을 했다. 그러나 황엄은 이 중에서 쓸 만한 처녀는 서넛뿐이라며 역정을 내고는 모두 때려치우고 명나라로 돌아가겠다고 위협했다. 태종은 다시 신하를 보내 황엄을 달래야 했다.

같은 날 사간원에서 태종에게 올린 진언에는 다음과 같이 적혀 있었다.

"사신이 서울에 가까이 들어오던 날에 지진의 이변이 있었고 처녀를 선발하기 시작한 이래로 각종 재앙이 있었습니다. 지금 다시 관원으로 하여금 처녀를 속인 자를 조사하게 하여 재산을 몰수하고 지방 관리들이 부녀를 잡아 가두고 매질하고 하니 마을 사람들이 원통하게 울부짖고 있습니다. 원하옵건대 처녀를 숨긴 자는 그 자신만 죄를 주어 백성의 원망을 그치게 하소서."

이에 의하면 명나라 사신이 서울로 들어오기 전날 일어났던 지진을, 이 사태를 예고한 재이로 지목하고 있는 것을 알 수 있다.

## 처녀 대신 종이를 진헌하는 것처럼 하라

실제로 임금의 명을 어기고 딸을 숨겨 옥에 갇히는 사건도 발생했다. 평주의 지방관 권문의의 딸은 미색이 매우 뛰어났던 모양인데, 그 같은 사실이 황엄의 귀에 들어갔다. 황엄은 권문의의 딸을 서울로 올려 보내라고 요구했지만 권문의는 딸이 병으로 드러누웠다면서 시간을 끌었다.

그에 대해 황엄이 따지고 들자 태종은 권문의를 잡아 가두었다. 권문의는 한 달가량 옥살이를 했는데 결국 딸을 명나라로 보내지 않아도 되었다.

권문의가 석방되고 나서 닷새 후인 10월 11일 황엄은 마침내 처녀 5명을 최종 선발했다. 이때 뽑힌 처녀는 권집중의 딸(18세)과 임첨년의 딸(17세), 이문명의 딸(17세), 여귀진의 딸(16세), 최득비의 딸(14세) 등이었다.

태종은 선발된 처녀들의 집에 혼수 비용으로 쌀과 콩 30석씩과 상포(常布: 품질이 좋지 않은 베) 100필을 하사했다.

그해 11월 12일 마침내 명나라 사신은 처녀들은 데리고 명나라로 향했다. 처녀 진헌 행차에는 처녀의 부친 또는 남자 형제들이 따라갔는데, 그 부모 친척의 울음소리가 길에 연하였다고 한다.

일행을 이끄는 진헌사에는 이문명의 형인 이문화가 뽑혔는데, 명나라 황제가 요구한 질이 좋은 백지 6,000장도 함께 가져갔다. 이때 태종은 처녀를 진헌한다고 말하는 것을 꺼려하여, 이문화로 하여금 지차(紙箚: 중국에 바치는 종이)를 진헌하는 것같이 했다고 실록은 기록하고 있다.

즉 태종은 처녀를 진헌하는 것 자체를 숨기고 싶었던 셈이다. 하지만 조선 개국 후 최초로 처녀를 진헌해야 했던 태종은 왕위에서 물러날 때까지 두 번이나 더 명나라에 처녀를 진헌해야 했다.

이런 조선 공녀의 역사는 중종 때 이르러 처녀를 바치는 일을 그만하게 해 달라는 공식적인 청을 명나라가 받아들이면서 막을 내렸다.

# 09
# 숙종의 죽음을 암시한 흑점

1612년 봄 갈릴레오는 한 통의 두툼한 편지를 받았다. 그 편지는 과학에 관심이 많은 독일의 한 공무원이 보냈는데, 동봉한 책에 대한 갈릴레오의 논평을 바란다는 내용이었다. 동봉한 책에는 망원경을 사용해 태양에서 검은 점들을 발견했다는 연구결과가 담겨 있었다.

그 책의 저자는 바로 독일 예수회의 신부이자 수학자인 크리스토퍼 샤이너였다. 샤이너는 책에서 그 검은 점들이 태양의 표면에 있는 것이 아닐 거라는 주장을 펼쳤다.

갈릴레오는 그 책을 받기 이태 전에 이미 태양의 흑점을 관측한 적이 있었다. 하지만 그때는 다른 사람들에게 그것을 구경시켜 주었을 뿐 깊이 파고들지는 않았다. 그 책을 읽은 갈릴레오는 문득 흑점에 대한 호기심이 발동해 꾸준히 관찰하기 시작했다.

그 후 갈릴레오는 흑점에 대한 정보를 차곡차곡 모아서 편지를 보낸 공무원에게 답장을 보냈다. 답장에서 그는 흑점과 가장 비슷한 것이 지구의

구름 같다고 말하며, 그밖에 자신이 흑점에 대해 관찰한 내용을 상세히 적었다.

그 후로도 갈릴레오는 2통의 편지를 더 보냈고 샤이너는 그에 대해 두 번째 책을 출판했다. 1613년 갈릴레오는 그 편지들의 내용을 정리해 『해의 흑점과 그 현상들에 대한 역사의 증명』이란 책을 출판했는데 이것이 바로 『흑점에 대한 편지』로 불리는 저서이다.

1633년 6월, 갈릴레오는 일흔 살의 나이에 로마의 산타 마리아 소프라 미네르바 교회에서 흰 옷을 입고 재판관들 앞에서 무릎을 꿇은 채 종교재판을 받아야 했다. 그런데 흑점을 함께 연구한 샤이너는 갈릴레오를 종교재판에 회부하는 데 앞장섰을 뿐만 아니라 교회 입장에서 그를 공격하는 이론의 제공자 역할을 했다.

## 샤이너와 갈릴레오

샤이너는 갈릴레오를 왜 그렇게 미워한 것일까. 이에 대해 태양 흑점 발견의 선취권 다툼으로 인해 감정이 쌓였기 때문이라는 설이 있다. 즉 최초로 흑점을 발견한 이가 서로 자기라고 주장하면서 싸운 것이라는 얘기다.

샤이너는 케플러식 망원경을 제작하여 1611년 태양 표면의 흑점을 발견했는데, 그 전 해인 1610년 갈릴레오와 요한 파브리치우스가 이미 흑점을 발견했다고 하니 그럴 만도 하다.

하지만 이들의 흑점 발견 원조 다툼은 우리가 볼 때 아무런 의미가 없다. 동양에서는 그보다 훨씬 이전에 이미 흑점의 존재를 알고 있었기 때문이다.

중국 한나라 성제 때의 『오행지』에 의하면 기원전 28년 3월에 태양 가운데서 동전 모양의 검은 기운을 보았다고 적고 있다. 그 후 10세기에 이르기까지 중국의 흑점 기록은 약 70회 정도 나타난다.

## 태양에는 세 발 달린 까마귀가 산다

우리나라에서는 고려 초인 1151년(의종 5) 3월 태양에서 계란만 한 흑점이 보였다는 분명한 기록이 최초로 나타난 이래 조선시대까지 흑점에 대한 기록이 꾸준히 보인다.

특히 우리나라와 중국에서는 태양에 까마귀가 산다고 한 기록이 많이 보이는데 그런 믿음도 흑점과 관련이 있을 것으로 추정된다. 중국 후한의 왕충이 지은 『논형』을 보면 "태양에는 세 발 달린 까마귀가 살고 있다."고 되어 있으며 『회남자』라는 책에도 "태양에 사는 까마귀가 가끔 땅에 내려와 불로초를 뜯어 먹는다."는 기록이 나타난다.

우리나라의 경우 발이 셋 달린 까마귀라는 뜻의 '삼족오'가 고구려의 상징으로 쓰였다. 고구려 고분벽화 속에 그려진 태양에는 꼭 삼족오가 들어

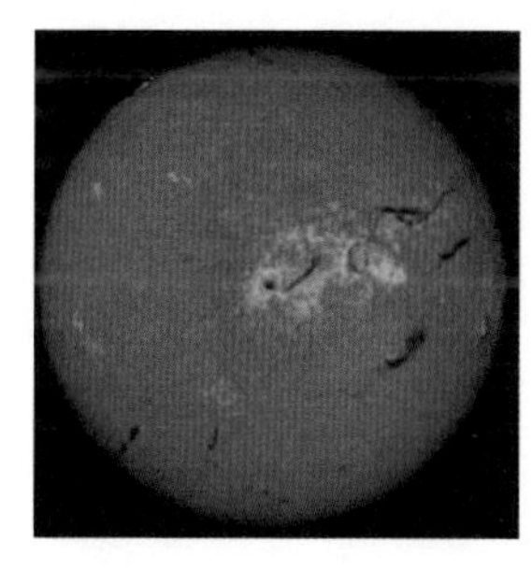

◀ 태양에 까마귀가 살고 있다는 동양 신화는 흑점에서 비롯되었을 수도 있다.

있으며 금관 장식에도 삼족오를 새겨 넣을 만큼 고구려인들은 까마귀를 숭배했다.

천문학적인 시각에서 볼 때 이는 태양에서 관측한 흑점을 까마귀로 해석했을 가능성이 높다. 그러나 이에 대한 다른 해석도 분분하다. 일부 학자들은 태양숭배 신앙과 조류숭배 신앙이 결합되어 그런 신화가 생겨났다고 주장하는가 하면, 또 다른 학자들은 하늘을 빙 도는 태양의 모습에서 자연스레 까마귀와 결합된 것이라고도 한다.

『조선왕조실록』에서 흑점이 최초로 등장한 것은 1402년(태종 2) 10월 20일자의 기록이다. 그날 태종실록을 보면 "해의 가운데에 흑점이 있었다. 태양 독초를 소격전에서 행하여 빌었다."라고 기록되어 있다.

독초(獨醮)란 조선 초기 행해졌던 초제의 일종인데, 초제는 왕실의 안녕과 천재지변 등을 물리치기 위한 제사를 말한다. 즉 태종은 태양에 흑점이 나타난 것을 보고 곧바로 제사를 지낸 것이다.

그것은 당시 해석한 흑점의 출현 의미를 볼 때 어쩌면 당연한 행위이다. 세종 때 이순지가 쓴 **『천문유초』**에 의하면 "흑점은 신하가 임금의 총기를 가릴 때 일어나는 것"이라 설명해 놓았다. 또 숙종 때 관상감 천문학 교수였던 최천벽이 쓴 『천동상위고』에는 "신하가 임금의 악을 드러낸 때 흑점이 생긴다."고 되어 있다.

**천문유초 (天文類抄)**
조선 세종 때 이순지(李純之)가 지은 천문 관련 과학서다. 일월성신(日月星辰)의 운행과 풍운우동(風雲雨蝀)의 변화 등에 따르는 국가의 치란(治亂)과 민생의 재변(災變)을 해설했다.

이렇게 볼 때 흑점의 발생은 주로 신하 탓에 있었는데, 흑점이 나타났다고 하여 제사를 지낸 왕은 조선을 통틀어 태종이 유일하다. 그것은 아마 집권 과정에서 형제간의 피비린내 나는 살육전을 치른 태종이 유난히 하늘의 변화에 민감했기 때문이라고 볼 수 있다.

『조선왕조실록』에서 흑점에 대한 두 번째 기록은 중종 때에 나타난다. 1520년(중종 15) 3월 11일, 전라도 곡성에서 태양 가운데 흑점이 나타나고 별과 달이 아래위에서 서로 싸우는 형상을 하고 있으며 지진이 일어났다는 등의 여러 가지 천재지변 현상이 보고된다.

지방에서 관측한 흑점을 중앙에서 관측하지 못한 것은 "목성과 달이 궤

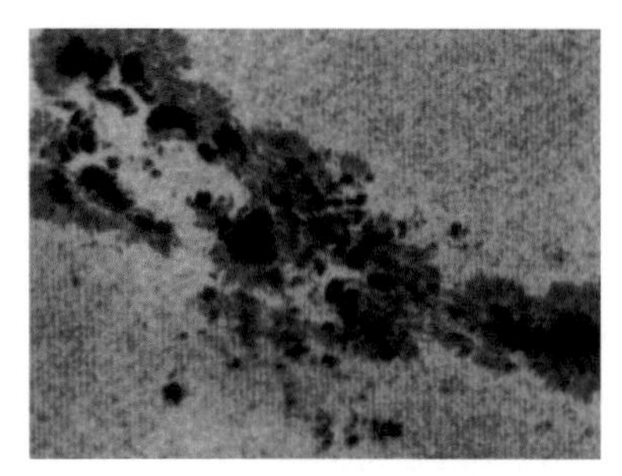

◀ 흑점은 일부분의 자기장이 강해져 열을 차단하기 때문에 발생하는 것으로 추정한다.

도를 같이 했기 때문"이라고 일관(日官)은 변명했다. 이에 대해 중종은 "지진은 지역마다 모두 다르지만 해의 변이나 달, 별의 재이는 중앙과 지방이 어찌 다르겠는가."라고 다그친다.

더불어 중종은 이때 나타난 흑점을 군사의 상징으로 해석하고 변방에 큰일이 있을지 모른다며 병조에 대비책을 마련하도록 지시했다.

흑점은 태양의 표면이라고 일컫는 광구에 나타나는 검은 반점이다. 크기는 지름 1,500킬로미터의 작은 것부터 10만여 킬로미터까지 다양하며, 수명도 1일에서부터 수개월까지 제각각이다.

밝기는 주위의 40퍼센트 정도에 불과하고 온도는 광구의 6,000도에 비해 약 2,000도 정도 낮다. 그래서 검게 보이는 것인데 흑점만 따로 떼어 놓는다면 보름달보다 훨씬 밝다.

흑점의 발생 원인은 아직 명확히 밝혀지지 않았지만 광구 밑에 남북 방향으로 뻗어 있는 약한 자기장이 태양의 불균일 회전에 의해 점차 꼬여서 강해져, 대류에 의한 열에너지 전달을 차단하여 생기는 것으로 보고 있다.

성질이 같은 자기장이 모였다면 서로 밀치면서 금방 흩어져야 하는데 흑점은 왜 수개월 동안이나 살아남을 수 있을까. 이 같은 미스터리는 지난 2001년 미항공우주국과 스탠퍼드 대학교 연구팀이 소호 위성으로 음파를 쏘아 조사한 결과 밝혀졌다. 플라즈마 상태의 태양 물질이 허리케인처럼 흑점 아래로 흘러들어 흑점 주위의 자기장 다발을 묶어 주기 때문에 흩어지지 않는다는 것.

## 흑점이 인간에게 끼치는 영향

우리가 볼 때 조그만 점에 불과한 흑점이 일상생활에 영향을 끼친다는 연구결과들도 많다. 영국인 천체물리학자 프레드 호일 박사는 태양 흑점이 활발한 시기와 치사율 높은 유행성 독감이 번창한 시기가 주기적으로 일치한다는 사실을 발견했다.

1918년의 스페인독감과 1957년경의 아시아 독감이 모두 태양 흑점이 활발했던 시기에 일어났다. 지난 2002년의 사스 발생과 2003년의 조류독감 발생도 태양 흑점의 왕성한 활동과 무관하지 않다고 보는 학자들도 있다.

또한 흑점의 수가 많아지는 태양 활동의 극대기 때 생산된 포도주가 품질이 좋다는 이야기가 있으며, 수백 년 동안 최고의 바이올린으로 군림해 온 스트라디바리우스의 비밀이 흑점에 있다는 주장도 나온 바 있다.

◀ 스트라디바리우스가 지닌 음색의 비밀이 흑점과 관련 있다는 주장도 제기된 바 있다.

네덜란드 라이덴 대학 연구진이 CT 분석 프로그램으로 스트라디바리우스 다섯 대의 내부를 관찰한 결과, 목재가 계절별 성장 속도에 차이 없이 매우 균일한 밀도를 보였다는 것이다. 이는 당시 흑점 활동이 매우 저조했기 때문이라는 추측이 가능하다. 즉 현대 목재의 나이테는 계절별로 성장 속도의 차이가 크게 났지만 300년 전에 만들어진 스트라디바리우스의 목재는 겨울철과 여름철의 성장 속도가 비슷했다. 이와 같은 밀도의 균일함이 진동 효과나 소리 생성과 같은 요소에 영향을 미쳐 스트라디바리우스가 신비한 소리를 내는 것으로 추정하고 있다.

한편 이스라엘 연구팀은 20세기 미국의 밀 가격과 태양 흑점 주기의 관계를 조사해 흑점 개수와 밀 가격 사이에 상관관계가 있다는 연구결과를 내놓기도 했다. 태양 흑점 활동이 낮은 주기일 때와 밀의 가격이 가장 비쌀 때가 맞아 떨어졌고 이는 작물 생산량이 가장 낮은 때였다.

사실 흑점과 경제순환 주기와의 연관설은 오래전부터 제기되어 왔다. 1721년부터 1878년에 이르는 기간 동안 호경기에서 다음 호경기에 이르는 평균 기간이 태양 흑점의 주기와 맞아떨어진다는 것이다. 이는 태양 흑점이 기후 주기에, 기후 주기는 강수량 주기에, 강수량 주기는 곡물 주기에 영향을 미쳐 결국 경기순환에까지 영향을 미쳤다는 분석을 가능하게 한다.

그런데 2008년 10월 「뉴욕타임스」는 태양 흑점이 200일 넘게 거의 보이지 않고 있다고 보도했다. 태양 흑점이 이렇게 나타나지 않은 것은 몇 십 년 만에 처음 있는 현상이라는 것. 이는 지금의 세계적 경제위기와 그 시기가 절묘하게 맞아 떨어지는 셈이다.

동양에서는 일찍이 관찰한 흑점을 왜 서양에서는 망원경이 발명된 17세기에 이르러서야 발견할 수 있었을까? 그 이유는 고대 그리스 이래의 전통적인 서양 천문관에서 찾아볼 수 있다.

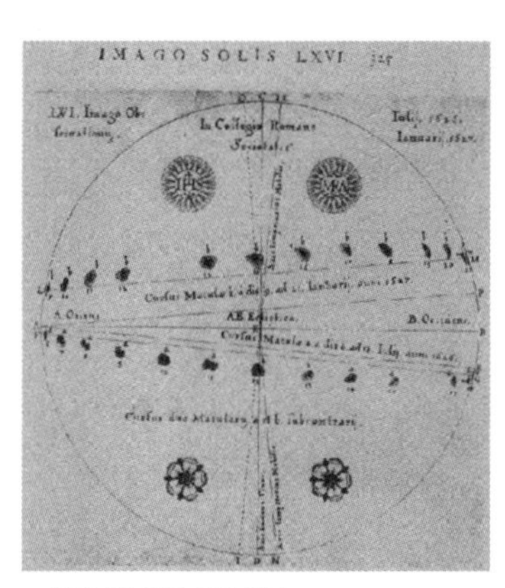
▲ 샤이너의 흑점 관측 기록.

갈릴레오가 대학을 다닐 때는 전공 분야와 상관없이 철학을 기본적으로 공부해야 했는데, 주로 아리스토텔레스의 저서들을 집중적으로 배웠다. 아리스토텔레스는 하늘과 지구를 완전히 구별해 우주의 구조를 설명했다.

지구는 네 가지 기본 원소인 흙, 물, 공기, 불이 뒤섞여 구성되어 끊임없이 변하지만 하늘은 '에테르'라는 특별한 물질로 구성되어 있어 완벽하며 영원하다고 믿었다. 때문에 새로운 별이 나타나 하늘을 바꾸어 놓는 일은 절대로 없으며 하늘의 물체인 달과 해 같은 천체도 완벽하고 전혀 흠이 없다고 생각했다.

그로 인해 샤이너는 망원경으로 흑점을 직접 관찰했으면서도 그것은 태양 둘레를 돌고 있는 조그만 별들의 무더기가 태양 앞을 지날 때에만 우리 눈에 보이는 것으로 여겼다.

## 태양이 기체임을 밝힌 흑점

하지만 갈릴레오는 흑점의 움직임을 꾸준히 관찰하면서 두 가지 이상한 점을 발견했다. 첫째는 태양의 흑점들이 태양 표면을 가로질러 움직이는데 그 길이가 조금씩 변한다는 사실이었다.

즉 흑점이 해의 중심에 있을 때보다 위아래에 위치할 때 움직이는 길이

가 짧았던 것. 이는 흑점이 태양 둘레를 도는 천체가 아니라 태양 표면에 있는 검은 점이라는 사실을 추정케 하는 내용이었다. 구의 가운데 부분과 가장자리에 점 하나씩을 각각 찍은 다음 자전하듯이 빙빙 돌릴 때와 똑같이 태양의 흑점들이 움직였기 때문이다.

두 번째는 어느 특이한 모양의 한 흑점이 태양의 서쪽 끝에서 사라졌다가 보름쯤 후에 동쪽 끝에서 다시 나타났다는 점이다. 이 두 가지 사실로 인해 갈릴레오는 흑점이 태양 표면에 있는 검은 점이며 태양이 자전하고 있다는 사실을 알아냈다.

그 후 인류는 흑점을 통해 태양이 고체나 액체가 아닌 기체라는 사실도 밝혀냈다. 자세히 관찰해 보면 흑점은 태양 적도에 있는 것과 중위도에 있는 것의 이동 속도가 서로 다르다. 왜냐하면 태양은 위도에 따라 자전 속도가 달라 극지방에서는 35일, 적도 지방에서는 25일이 걸리기 때문이다.

그런데 고체는 이런 현상을 도저히 나타낼 수가 없다. 또 태양처럼 높은 온도에서는 액체가 존재할 수 없다. 따라서 과학자들은 흑점을 통해 태양이 기체라는 사실을 밝혀냈다.

그럼 동양에서는 어떻게 망원경이 발명되기 훨씬 전부터 태양 흑점을 관측할 수 있었을까? 그 비밀은 1604년(선조 37) 윤 9월 2일의 『선조실록』 기록 속에 숨어 있다.

"해 돋을 녘에 태양 가운데 크기가 새알만 한 흑자(黑子)가 있었다."

그다음 날의 기록에도 "해 돋을 녘에 태양 가운데 흑자가 있었는데 크기는 계란만 하였다."고 되어 있다. 여기서 흑자란 바둑돌의 검은 알로서, 흑점을 가리키는 말이다.

즉 옛사람들은 햇빛이 아주 약한 해 뜰 녘이나 해 질 녘에 육안으로 태양 흑점을 관측했던 것이다. 반투명한 수정이나 유리를 이용했을 가능성도 있다. 조선 후기의 실학자 이규경은 자신의 저서에서 오수정(검은 수정)을 이용해 태양을 관측했다고 밝히고 있다.

## 숙종의 죽음을 예고하는 조짐

조선시대를 통틀어 가장 문제시된 흑점은 1720년(숙종 46) 4월 26일에 관측된 것이었다. 이날 『숙종실록』 기록에 의하면 "해가 뜰 때 빛이 붉고 광채가 없었으며 태양 가운데 검은 기운이 있었다."고 되어 있다.

이로부터 2개월도 채 되지 않아 열네 살의 어린 나이에 즉위하여 45년 10개월 동안 조선을 다스려 오던 숙종이 세상을 떠나고 만다. 즉 이때 나타난 흑점은 숙종의 죽음을 예고하는 조짐이었던 셈이다.

그런데 그로부터 2년 후 그 흑점에 얽힌 사건이 곪아터졌다. 1722년(경종 2) 3월 남인 집안의 서자 출신인 목호룡이 노론 측에서 경종을 시해하고자 모의한 반역 행위를 고발한 것이다. 이 사건에 연루된 자들은 주로 노론의 고위층 자제들로서 정인중, 김용택, 이기지, 이희지, 심상길, 홍의인, 백망 등이었다.

이 사건으로 인해 노론 4대신인 김창집, 이건명, 이이명, 조태채 등이 다시 한성으로 압송되어 사사되었으며, 관련자 및 추종자 170여 명이 죽거나 유배되었다. 신축년과 임인년에 계속 이어졌다 하여 이 사건을 '신임사화'라 한다.

한때 한성부 좌윤을 지낸 이우항도 이 사건에 연루되어 물고를 당했는데 김극복은 국문 과정에서 흑점과 관련된 이우항의 행적을 털어놓았다.

"1720년 5월에 이우항을 찾아가 만났더니 이우항이 말하기를 '요사이 해 가운데에 흑점이 있는데 이것은 예사롭지 않은 변고이다. 지금 국가의 병환이 바야흐로 위중하니 그것이 장차 여기에 응하는 것인가 아니면 혹시 독대한 대신에게 있는 것인가?'라고 묻기에 '한 대신의 일이 천상에 무슨 관계가 있겠는가.'라고 하였습니다."

이어서 김극복은 "이우항이 '만약 독대한 대신이 죽는다면 나 또한 마땅히 죽게 될 것인데 내가 죽는 날에는 마땅히 너를 잡아 가겠다.'고 하고 '이 변고(흑점)가 혹시 환국에 대한 징조인가.'라고 물었다."고 털어놓았다.

## 숙종인가, 독대한 대신인가

이로 볼 때 이우항은 흑점이 숙종의 죽음을 뜻하는 것인지 독대한 대신의 흉사를 뜻하는 것인지, 아니면 왕이 조정의 대신을 전면적으로 교체하는 환국의 징조인지에 대해 궁금해했다는 것을 알 수 있다.

여기서 독대한 대신이란 과연 누구를 지칭하는 것이며, 왜 그리 독대한 대신에 대해 이우항은 집착을 보인 것일까. 독대한 대신은 1717년(숙종 43) 숙종과 단둘이 독대한 노론의 우의정 이이명을 가리킨다.

당시 규칙에 의하면 왕과 신하가 대할 때는 승지가 동석하여 군신 사이의 범절을 살피고 사관이 그 대화를 기록해야 했다. 이는 임금과 신하가 밀담을 나누는 것을 방지하기 위해서였다.

그런데 이미 그때부터 병환에 시달리고 있던 숙종은 그날 이이명이 약방에 입직하게 되자 승지와 사관을 물리치고 독대했다. 그리고 다음 날 숙종은 세자(경종)에게 대리청정을 명하고 자신은 물러앉아 병을 요양할 것이라고 밝혔다.

▲ 숙종과 정유독대를 한 노론의 이이명. 이후 나타난 흑점을 놓고 이우항은 숙종의 죽음인지 이이명의 흉사를 암시하는 것인지 고민했다.

왕이 병환으로 인해 세자에게 대리청정을 명하는 것은 어찌 보면 자연스러운 일 같지만 여기에는 숙종과 노론의 정치적 암수가 숨어 있었다. 노론은 소론과의 정쟁 과정에서 숙빈 최씨가 낳은 둘째 왕자 연잉군(영조)을 비호해 왔으며 숙종 또한 세자가 자식을 낳을 수 없다는 사실을 알고는 영특한 연잉군에게로 마음이 기울어졌다.

또 사사당한 장희빈의 아들인 세자가 뒤를 이으면 연산군 때와 같은 일이 벌어지지 않을까 하는 점도 경종에게는 단점으로 작용했다.

따라서 숙종과 노론 측은 몸이 허약한 세자를 대리청정하게 해서 허물이 생기면 이를 트집 잡아 세자를 교체하겠다는 속셈으로 이 같은 일을 꾸민 것이다. 숙종과 이이명의 이 독대를 이른바 '정유독대'라 한다.

그러나 그 후 숙종의 병이 급격히 악화되고 또 그 같은 속셈을 눈치챈 소론 측의 반발로 정유독대의 계획은 뜻대로 이행되지 못했다. 경종이 즉위하자 정권을 잡고 있던 노론은 불과 여섯 살 아래의 연잉군을 세제로 책봉하게 했고 그 후 소론과의 당쟁이 더욱 격화되어 결국 노론 4대신이 파직되고 신임사화로까지 이어지게 된 것이다.

신임사화 이후 정권은 소론에게 넘어갔지만 1724년 경종은 병이 악화되어 재위 4년 2개월 만에 세상을 떠나고 뒤를 이어 세제(世弟)인 영조가 즉위했다.

이처럼 지식층에서 변고의 징조로 중요하게 여겼던 흑점이 조선 후기에 접어들면서부터는 점차 재이로서의 중요성을 잃어갔다. 1818년(순조 18)에 간행된 『**서운관지**』에 의하면 당시 천문관들이 혜성 같은 재이는 발견 즉시 보고해야 했지만 태양 흑점의 경우는 서면으로 보고하도록 되어 있다.

이는 태양 흑점의 발생이 그리 급하게 알리지 않아도 되는 사항이라는 의미로 해석할 수 있다.

**서운관지(書雲觀志)**

서운관이란 고려시대에 천문(天文)·역수(曆數)·점주(占籌)·측후(測候)·각루(刻漏) 등의 일을 맡아보던 관청을 말한다. 이 제도는 조선시대까지 계승되었고, 이 책은 조선 후기의 천문학자 성주덕이 조선 전기의 서운관 설치 이래 400년 동안이나 연혁이나 천체 운행 관측의 유래 등을 기록한 문헌이 없어 필요에 의해 엮은 것이다.

## 10
## 조선 최악의 발칙한 사건 -아내가 장가를?

박현욱의 소설 『아내가 결혼했다』는 파격적인 내용으로 출간되자마자 화제를 불러일으켰다. 아내가 외간 남자와 바람피우는 것은 이제 흔히 일어날 수 있는 일이 되었지만 이 소설은 그런 수준을 넘어선다.

다른 남자를 사랑하게 된 아내는 지금의 남편과 이혼을 하지 않은 채 그 남자와 또 결혼하고 싶다고 밝힌다. 즉 일처다부제의 복혼을 원하고 있는 것이다. 이중결혼을 하려는 아내와 이를 수용할 수밖에 없는 남편의 이상한 관계를 축구에 빗대어 묘사한 이 소설은 영화로도 개봉되어 많은 사람들의 관심을 끌어모았다.

그런데 아내가 다시 시집을 가는 것이 아니라 아내가 장가를 간다면 어떻게 될까. 물론 한 남자와 결혼했다가 이혼한 여자가 성전환 수술을 받은 후 다른 여자에게 장가를 든 사례가 해외토픽에 나온 적도 있다. 그러나 성전환 수술 같은 것은 전혀 생각지도 못했을 조선시대에 그런 일이 생겼다면 과연 믿을 수 있을까.

## 아내가 장가갔다

1548년(명종 3) 11월 18일자의 『명종실록』을 보면 함경 감사가 혼자 결정하기엔 너무 곤란한 일로 조정에 장계를 올리고 있다. 장계 내용에 의하면 "길주 사람 임성구지(林性仇之)는 음양이 모두 갖추어져 지아비에게 시집도 가고 아내에게 장가도 들었으니 매우 해괴합니다."라고 되어 있다.

그 사정을 간추리면 대략 다음과 같다.

함경도 길주에 사는 임성구지는 어릴 때부터 생식기 구조가 좀 특이했지만 여자로 자랐다. 그러다 혼기가 되어 남자에게 시집을 갔다. 하지만 첫날밤을 맞은 남편은 혼비백산을 한다. 새색시의 은밀한 부위에 생각지도 못한 남성의 성기가 달려 있었던 것이다.

그 길로 당장 남편과 시댁에서 내쳐진 임성구지는 갈 곳이 없어 떠돌다가 남장을 한 후 남자 행세를 한다. 그러다 마음이 맞는 여자를 만나 장가를 든 것이다. 하지만 그의 이중 행각은 얼마 가지 않아 들통이 났고 관청에 끌려온 임성구지를 어떻게 처리해야 할지 몰라 고민에 빠진 함경 감사가 조정에 장계를 올린 것이다.

장계를 받은 명종도 난감하기는 마찬가지였다. 법문의 어느 조목에도 그런 사항은 나와 있지 않으니 판결을 내리기가 쉽지 않았던 것이다. 고민 끝에 옛 사례를 뒤적이던 중 세조 때 일어난 '사방지 사건'이 판례를 찾아냈다. 명종은 사방지의 예에 따라 임성구지를 그윽하고 외진 곳에 따로 두고 왕래를 금지하여 사람들 사이에 섞여 살지 못하게 하는 판결을 내렸다.

'사방지 사건'이란 1462년(세조 8) 4월 임금에게 처음 보고된 조선 최대의 섹스 스캔들이다. 김구석의 처인 이씨 부인은 일찍이 과부가 되어 홀로 살고 있었는데, 사방지라는 여종과 식사와 잠자리를 10년씩이나 함께하다 발각되어 임금에게까지 보고된 것이다.

유교 사상으로 인해 성(性)을 엄격히 통제했던 조선 사회에서도 동성애 커플이 꽤 있었다. 남성과의 접촉이 금지되었던 궁중의 궁녀나 환관촌에 살던 내시의 아내들이 동성애의 주계층이었다.

이들의 관계를 당시에는 대식(對食)이라 했는데, 대식 관계가 이루어지면 서로를 서방님 또는 마님으로 불렀다. 또 이와 같은 여자 동성애자의 상대방을 '맷돌남편'이라 일컬었다. 대식이란 서로 마주 앉아 밥을 먹는다는 의미인데 어떻게 해서 동성연애를 지칭하는 용어가 되었을까.

일설에 의하면 대식은 바깥출입을 할 수 없던 궁녀들을 위해 가족이나 지인을 처소로 불러들여 같이 밥을 먹게 해 주는 제도에서 유래했다고 한다. 외부인을 불러들일 수 있는 이 제도를 이용해 궁녀들이 동성연애 대상을 끌어들인 데서 '대식'이 동성애를 일컫는 말이 되었다는 것이다.

대식의 역사는 꽤 오래전으로 거슬러 올라가 중국 한나라 때부터 전해진 것으로 보인다. 조선 후기의 학자 이규경이 쓴 『오주연문장전산고』의 경사편을 보면 "궁중의 옛 규례에 환관과 궁녀가 서로 부부가 되는 것은 한나라 시대부터 그러하였는데 이를 대식이라 한다. 그런데 궁녀는 환관을 통하여 물품을 사들이고 환관은 궁녀에게 의뢰하여 옷을 꿰매 입는 등 민간의 부부와 다름이 없었다."고 되어 있다.

또 "궁인이 자기들끼리 부부가 되는 것을 대식이라 하는데 서로 매우 투기했다."고도 되어 있다. 이렇게 볼 때 궁녀들끼리의 동성애와 더불어 궁녀와 환관까지의 관계도 대식이라 일컬었던 것 같다.

궁궐 안에서 은밀하게 이루어지는 대식의 폐해를 알리는 상소가 올라온

적도 있었다. 1727년(영조 3) 7월 18일 조현명이 올린 상소 내용을 보면 "예로부터 궁인들이 혹 족속이라 핑계하여 여염의 어린아이를 궁중에 재우고 혹 대식을 핑계하여 요사한 여중이나 천한 과부와 안팎에서 교통합니다. 삼가 바라건대 전하께서는 그 출입의 방지를 준엄하게 하여 왕래하는 것을 끊으소서."라고 아뢰고 있다.

최고의 성군으로 불렸던 세종의 세자빈도 궁녀들과의 대식이 발각되어 폐출된 뒤 자결한 사건이 있었던 것으로 볼 때 조선의 궁궐 안에서는 동성애가 꽤나 유행했던 모양이다.

## 어머니의 스캔들로 정계에서 아웃된 김유악

그런데 사방지 사건의 경우 단순한 대식 사건이 아니라는 점에서 파장이 더욱 컸다. 세조가 승지원에 명을 내려서 조사한 결과 사방지의 또 다른 정체가 드러났기 때문이다. 머리모양과 옷차림새 등은 여자임이 틀림없었으나 사방지의 옷을 벗겨 보니 남자의 음경과 음낭이 달려 있었던 것. 보통 사람과 다른 점은 다만 요도구가 귀두에 있지 않고 그 아래에 있다는 것뿐 오히려 크기면에서 매우 장대했다고 묘사되어 있다.

전후 사정을 수상히 파악해 본 결과 놀라운 사실이 밝혀졌다. 이씨 부인의 집에 여종으로 들어오기 전에도 중비와 지원 등의 여승과 관계를 맺었으며 심지어 자신의 고모와도 관계한 일이 있는 것으로 드러났다.

하지만 세조는 국문을 해야 한다는 신하들의 청을 뿌리치고 사방지에 대한 처리를 이씨 부인의 가문에 맡기는 것으로 사건을 종결해 버린다. 세조의 논리는 사방지가 음양을 모두 갖춘 양성인간이니 병자를 벌할 필요가 없다는 것이었다. 그러나 세조가 그런 판결을 내린 진짜 속사정은 다른 데 있었다.

사방지와 간통을 한 이씨 부인의 아버지가 바로 이순지였기 때문이다. 이순지는 세종 때 이천, 장영실 등과 함께 천문기기를 만드는 데 큰 공을 세운 공신으로서, 판원사라는 종2품 벼슬까지 지낸 사람이었다. 따라서 세조는 이순지 가문이 그런 일로 하루아침에 흉한 꼴을 당할까 봐 사건을 조용히 덮어 두었던 것이다.

더구나 세조의 왕위 찬탈을 도운 정인지의 딸이 바로 이씨 부인의 며느리였다. 때문에 세조로서는 그 일을 더더욱 크게 벌이고 싶지 않았을 것이다. 그러나 이 사건은 두고두고 말썽이 되었다.

이순지는 사방지를 시골로 보내는 조치를 내렸는데, 이씨 부인은 온천에 간다는 핑계를 대고 사방지를 찾아다녔다. 더구나 이순지가 죽은 후에는 사방지를 다시 집으로 데려와 같이 살았다. 이처럼 이씨 부인의 불륜이 계속되자 세조는 결국 사방지를 신창현의 공노비로 보내 버렸다.

이씨 부인은 사방지가 못내 그리웠을지 모르지만 그 사건으로 인해 그의 아들은 평생 정계에서 왕따를 당해야 했다. 이씨 부인의 아들이자 정인지의 사위인 김유악이 성종 때 경상도 도사로 임명되자 신하들이 들고일어나는 바람에 취소되었을 뿐만 아니라 연산군 때는 임금의 사위인 부마의 선택에서 김유악의 아들이 제외되기도 했다.

명종은 사방지의 판례에 따라 임성구지에 대한 처결을 내렸지만 사실 둘은 매우 달랐다. 임성구지는 남성 및 여성과 번갈아 혼인 생활을 한 것으로 보아 양성인간임이 분명하다. 하지만 사방지의 경우 20차례나 등장하는

『조선왕조실록』의 기록 가운데 그 어디에도 여성의 성기가 달려 있다는 보고가 없다.

그런데도 세조가 "사방지는 병자이니 추궁하지 말라."며 양성인간으로 취급한 것은 선대의 공신인 이순지와 자신의 왕위 찬탈을 도운 정인지의 입장을 고려한 까닭이었다.

## 고대 그리스에서는 완벽한 인간상이었던 양성인간

정리하면 임성구지는 어지자지임이 분명하나 사방지는 어지자지라고 보기엔 무리가 좀 있다.

어지자지란 제기차기를 할 때 두 발을 번갈아가며 차는 양발차기를 뜻하는 말이다. 그런데 남자와 여자의 생식기를 한 몸에 겸해 가진 사람이나 동물을 일컫는 말이기도 하다. 즉 한쪽은 남자이고 다른 한쪽은 여자인 만화영화 〈마징가Z〉 속의 아수라 백작과 같은 반남반녀가 바로 어지자지인 셈이다.

어지자지의 원조는 그리스로마신화까지 거슬러 올라간다. 미의 여신 아프로디테가 헤르메스와 바람을 피워 낳은 '헤르마프로디토스'가 기원이라 할 수 있다.

헤르마프로디토스는 원래 남자로 태어났는데 열다섯 살이 된 어느 날 호수의 요정 살마키스의 유혹을 받는다. 그는 유혹을 뿌리쳤으나 뒤쫓아온 살마키스에 이끌려 호수로 들어가게 된다. 헤르마프로디토스를 움직이지 못하게 꼭 껴안은 살마키스는 둘을 영원히 떨어지지 않게 해 달라고 신

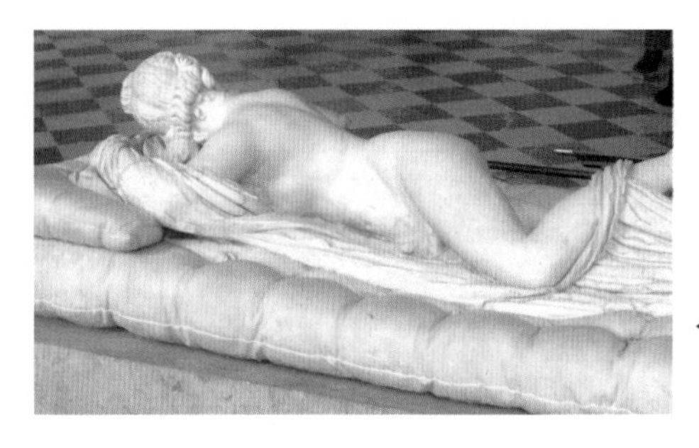

◀잠을 자고 있는 헤르마프로디토스의 조각상. 그는 여성과 남성의 특징을 가진 반음양 인간의 원조이다.

에게 기도를 올린다.

그러자 잠시 후 둘의 육체가 정말로 하나가 되어 버린다. 완벽하게 아름다운 남성의 몸매와 여성의 몸매를 두루 갖추게 된 헤르마프로디토스에서 유래해 양성인간 또는 자웅동체를 의학에서는 허마프로다이트(Hermaphrodite)라고 한다.

고대 그리스에서는 여성과 남성의 특징을 모두 가진 어지자지를 '완벽한 인간'으로 칭송하며 많은 사회적 혜택을 부여했다. 그러나 그것은 고대 그리스에서만 해당되는 사항일 뿐 임성구지의 경우처럼 어지자지들은 현실적으로 사회에 적응하기가 매우 어렵다.

난소와 정소를 동시에 지닌 자웅동체형 인간들은 점잖은 말로 반음양인간이라 한다. 반음양인간은 크게 진성반음양과 가성반음양으로 나뉘는데 임성구지처럼 난소와 정소를 모두 가지고 있어 남자와 여자의 기능이 모두 가능한 경우가 진성반음양이다.

진성반음양인은 거의 대부분 유전적으로 여성의 염색체 배열(XX)을 지니고 있는데, 일부 소수는 남성의 염색체 배열(XY)을 지니고 있는 경우도 있다. 또 몇몇의 경우에는 XX 염색체와 XY 염색체를 동시에 지닌 '모자이크'가 나타나기도 한다.

따라서 난소와 정소를 각각 동시에 가지고 있거나 어떤 경우에는 난소와 정소의 조직이 하나로 합쳐진 난정소를 가지고 있는 진성반음양인도 있다. 하지만 남녀의 생식선이 하나로 합쳐진 난정소가 신체의 한쪽에 자리 잡고 난소 혹은 정소가 신체의 다른 한쪽에 자리 잡은 특별한 경우도 있다.

별도의 난소와 정소를 각각 가지는 경우 대개 정소가 신체의 오른쪽에, 난소가 왼쪽에 존재한다. 난소가 위치하는 신체의 왼쪽에는 난관과 자궁이 있고 자궁강은 요도와 연결되어 다시 페니스에 그 입구를 열게 된다. 이런 경우 사춘기가 되어 배란과 월경을 했다는 기록이 있으며 그 월경 액체는 페니스를 통해서 방출된다.

정소를 갖춘 진성반음양인이라 해도 대개 정자를 만들어 내지 못하기 때문에 아버지가 될 가능성은 거의 없다. 그러나 난소가 난자를 생산하는 것은 가능해 어머니가 될 수는 있다. 따라서 임성구지가 처음에 여성으로 길러져 지아비에게 시집을 간 것은 어떻게 보면 반음양인으로서 최선의 선택이었던 셈이다.

이에 비해 가성반음양은 한쪽 성의 생식샘만을 가지는 경우를 일컫는다. 즉 난소를 가지고 있지만 외부 생식기가 남성에 가까운 경우를 여성가성반음양이라 하고 정소를 가지고 있지만 외부 생식기가 여성에 가까우면 남성가성반음양이라 한다.

성분화 이상 사례 중 가장 많은 여성가성반음양은 남성 호르몬의 과다를 초래하는 질환인 선천성 부신성기 증후군이나 난소의 남성 호르몬 분비 종양 등에 의해 발생한다. 이런 여성가성반음양인의 경우 난소에 이상은 없으나 부신기능항진으로 남성 호르몬이 과다하게 분비되어 음핵이 비대해져 거의 페니스처럼 보이게 된다.

이와 반대로 남성가성반음양은 본래 생식샘은 고환이지만 남성 호르몬의 합성 장애 및 외성기 조직의 수용에 필요한 효소 부족, 외성기 조직의 수용체 이상 등으로 남성화에 이상이 생긴 경우이다.

남성가성반음양인은 정소가 존재한다고 해도 음낭으로 발달해 있지 않으며 외부 생식기의 발육이 여성에 가깝고 때로 매우 큰 음핵을 갖기도 한다.

최근 우리나라에서도 남성가성반음양의 일종인 고환성여성화증후군 환자가 보고되었다. 고등학교 2학년이 될 때까지 생리가 없던 여학생이 병원을 찾았는데 염색체 검사에서 남성으로 판명이 난 것이다.

유방, 외음부, 질 등 외관상으로 완전히 여성의 몸으로 보이지만 초음파 검사 결과 자궁이 없었다. 그런데 이 증후군이 있는 사람은 모두 미인이라는 특징이 있어서 더더욱 남성이라는 사실을 눈치채기 어렵다.

고환성여성화증후군 환자의 경우 대개 잠복 고환으로 인한 종양 발생 가능성이 높으므로 사춘기 직후에 생식샘 제거술을 하는 것이 좋다. 그 여고생의 경우에도 양쪽의 고환을 제거하고 질 성형수술을 하여 보다 여성에 가까워졌다.

이밖에도 성분화 이상은 남아와 여아에게서 다양한 형태로 나타난다. 여아의 경우 태어날 때부터 외성기가 모호하거나 처음에는 정상적인 여성 외성기를 가졌는데 성장할수록 점점 모호해지는 현상을 볼 수 있다.

남아의 경우에도 음경 밑에 질처럼 생긴 구멍이 있거나 요도구가 귀두에 있지 않고 음경이나 음낭 부분에 있기도 하다. 인체는 이 같은 성의 다양한 변이를 막기 위해 성염색체인 X염색체와 Y염색체가 서로 정보 교류를 하지 않도록 되어 있다.

## X염색체와 Y염색체를 모두 가진 쌍둥이

부모로부터 물려받은 나머지 1~22번 염색체는 두 짝이 똑같은 꼴이지만 서로 정보 교류를 하여 머리카락이나 피부, 생김새 등의 다양성이 허용된다. 그러나 성염색체가 서로 정보 교류를 하지 않는 쪽으로 진화한 것은 이 같은 여러 형태의 성을 방지하기 위한 것으로 보인다.

그런데 2007년 미국에서 아주 희귀한 반음양인이 태어났다. 일란성 쌍둥이 중에서 한 아이는 남성이었는데 다른 한 아이는 반음양인으로 태어난 것이다. 유전자 분석 결과 어머니쪽 유전자는 같고 아버지쪽 유전자는 각기 다른 것으로 나타났다.

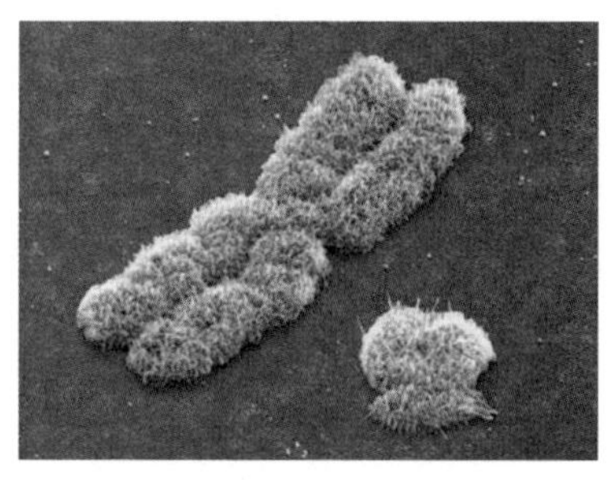

◀ 성염색체인 X염색체(좌측)와 Y염색체(우측 아래)는 서로 정보 교류를 거의 하지 않는다.

어떻게 일란성 쌍둥이에서 이런 일이 벌어질 수 있을까. 추적 결과 난자 하나에 정자 두 개가 동시에 들어가 수정되었다가 나중에 난자가 둘로 갈라져 각각 태아로 자란 것으로 밝혀졌다. 그 두 개의 정자는 공교롭게도 Y염색체를 지닌 남성 정자와 X염색체를 지닌 여성 정자였다.

그로 인해 한 아이 중 반음양인이 생겨나게 된 것이다. 따라서 이 쌍둥이들의 일부 세포는 XY인 남성이고 일부 세포는 XX인 여성을 지닌 '모자이크'인 것으로 나타났다. 그러면 똑같이 남녀 염색체를 지닌 난자가 둘로 분화했을 때 왜 한쪽에서는 남성이 되고 또 한쪽에서는 반음양인이 된 것일까. 아마 거기에 반음양인의 비밀이 숨어 있을지도 모른다.

이야기를 다시 조선시대로 되돌려 본다. 사방지는 기록상에서 턱수염이 없고 다른 여자를 임신시킬 수 없는 것으로 나와 있다. 하지만 장대한 음경이 있고 음낭도 있는 것으로 묘사되어 있다.

그렇게 볼 때 사방지는 남성가성반음양이나 여성가성반음양보다는 진성반음양 중에서 정소와 난소가 합쳐진 난정소 및 정소를 신체 양쪽에 각각 가진 희귀한 경우일 가능성이 높다. 만약 그것이 아니라면 사방지는 성분화 이상의 남성이면서 여성을 가장하여 부녀자들을 희롱한 사기꾼임이 분명하다.

그에 비해 임성구지는 매우 치열한 삶을 살았다. 자신의 신체에 이상이 있음을 알면서도 남성과의 결혼을 감행하기란 쉽지 않기 때문이다. 또 시댁에서 쫓겨난 후에도 절망하지 않고 나머지 한쪽 성의 장점을 살려 다른 여자와 결혼해 가정을 꾸렸다.

비록 요물로 취급받아 외진 곳에서 사람들과 왕래도 하지 못한 채 외로운 여생을 보냈지만 그 같은 긍정적 성향을 고려할 때 그는 그곳에서도 분명 마지막까지 충실한 삶을 살았을 것이다.

## 11
# 광해군 때 목격된 UFO

구약성서의 3대 예언서 중 하나인 에스겔서 1장 4절을 보면 다음과 같은 구절이 나온다.

"내가 보니 북방에서부터 폭풍과 큰 구름이 오는데 그 속에서 불이 번쩍 번쩍하여 빛이 그 사면에 비치며 그 불 가운데 단쇠 같은 것이 나타나 보이고 그 속에서 네 생물의 형상이 나타나는데 그 모양이 이러하니 사람의 형상이라 각각 네 얼굴과 네 날개가 있고 그 다리는 곧고 그 발바닥은 송아지 발바닥 같고 마광한 구리같이 빛나며 그 사면 날개 밑에는 각각 사람의 손이 있더라."

이는 성경 속에서 UFO(미확인비행물체)를 묘사한 대표적인 구절로 자주 소개된다. 번쩍번쩍하는 빛 가운데서 나타난 단쇠(높은 열에 달아서 뜨거워진 쇠)와 그 안의 생물체가 곧 UFO와 외계인일지도 모른다는 것이다.

에스겔은 유대왕국 말기에 바빌론으로 잡혀간 수많은 유대인 포로들의 신앙지도자이자 선지자였다. 포로 생활을 하면서 그는 이스라엘 민족이 우

상을 숭배한 죄의 대가로 유대왕국이 멸망하고 수도 예루살렘이 파괴될 것이라고 예언했다. 정말 그의 예언대로 BC 587년에 예루살렘이 함락되었는데 에스겔서는 이 같은 그의 예언을 모은 책이다.

## 조선왕조실록에 기록된 UFO의 출현

세계적인 기록문화 유산인 『조선왕조실록』에서도 UFO로 여겨지는 괴물체의 출현을 자세히 묘사한 부분이 있다. 때는 1609년(광해군 1) 8월 25일, 하늘이 청명하여 사방에 구름 한 점 없던 날이었다. 강원 감사 이형욱이 보고한 바에 의하면 그날 강원도 간성, 원주, 강릉, 춘천, 양양에서 동시에 이상한 물체를 보았다는 목격담이 이어졌다고 한다. 그 내용은 한 달 후인 1609년 9월 25일자 『광해군일기』에 자세히 기록되어 있다.

"간성군에서 8월 25일 사시 푸른 하늘에 쨍쨍하게 태양이 비치었고 사방에는 한 점의 구름도 없었는데 우레 소리가 나면서 북쪽에서 남쪽으로 향해 갈 즈음에 사람들이 모두 우러러 보니, 푸른 하늘에서 연기처럼 생긴 것이 두 곳에서 조금씩 나왔습니다. 형체는 햇무리와 같았고 움직이다가 한참 만에 멈추었으며 우레 소리가 마치 북소리처럼 났습니다."

사시(巳時)면 오전 10시경인데, 원주와 강릉에서도 역시 똑같은 시간에 이상한 물체가 목격됐다.

"원주목에서는 8월 25일 사시 대낮에 붉은 색으로 베처럼 생긴 것이 길게 흘러 남쪽에서 북쪽으로 갔는데 천둥소리가 크게 나다가 잠시 뒤에 그쳤습니다."

"강릉부에서는 8월 25일 사시에 해가 환하고 맑았는데, 갑자기 어떤 물건이 하늘에 나타나 작은 소리를 냈습니다. 형체는 큰 호리병과 같은데 위는 뾰족하고 아래는 컸으며 하늘 한가운데서부터 북방을 향하면서 마치 땅에 추락할 듯하였습니다. 아래로 떨어질 때 그 형상이 점차 커져 3, 4장(丈) 정도였는데 그 색은 매우 붉었고 지나간 곳에는 연이어 흰 기운이 생겼다가 한참 만에 사라졌습니다. 이것이 사라진 뒤에는 천둥소리가 들렸는데 그 소리가 천지(天地)를 진동했습니다."

동해안으로부터 좀 떨어진 춘천에서는 약 두 시간 후인 정오경에 그 물체가 나타났다.

"춘천부에서는 8월 25일 날씨가 청명하고 단지 동남쪽 하늘 사이에 조그만 구름이 잠시 나왔는데 오시에 화광(火光)이 있었습니다. 모양은 큰 동이와 같았는데 동남쪽에서 생겨나 북쪽을 향해 흘러갔습니다. 매우 크고 빠르기는 화살 같았는데 한참 뒤에 불처럼 생긴 것이 점차 소멸되고 청백(靑白)의 연기가 팽창되듯 생겨나 곡선으로 나부끼며 한참 동안 흩어지지 않았습니다. 얼마 있다가 우레와 북 같은 소리가 천지를 진동시키다가 멈추었습니다."

목격한 괴물체의 형상은 햇무리, 베, 호리병, 동이(물을 긷는 데 쓰는 질그릇) 등 각 지역마다 다르게 표현되어 있다. 그러나 비유한 물체의 모양이 대체로 둥글고 긴 물체라는 점에서는 똑같다. 또 천지를 진동할 만한 천둥소리와 연기가 피어올랐다는 공통점을 모두 지니고 있는 것으로 보아, 각 지역에서 목격한 괴물체는 동일한 것임에 틀림없다.

인류 역사 속에서 찾을 수 있는 UFO의 흔적은 아주 오랜 옛날까지 거슬러 올라간다. 프랑스와 스페인 등지에서 발견된 원시인들의 동굴벽화에

는 사냥감인 짐승들 사이에 비행접시 모양의 괴물체가 많이 그려져 있다.

원시인뿐만 아니라 유명 화가가 그린 명화 속에서도 UFO 형상의 괴물체가 자주 등장한다. 카를로 크리벨리가 1486년에 완성한 〈수태고지〉라는 작품을 보면 왼쪽 위 건물 사이로 보이는 하늘에 원반 형태의 비행물체가 선명하게 그려져 있다.

또 15세기에 그려진 작자 미상의 종교화 〈마돈나와 성 지오반니〉 속에도 UFO가 그려져 있다. 이 그림의 배경인 오른쪽 윗부분을 자세히 보면 하늘에 떠 있는 둥근 형태의 괴물체를 한 남자와 개가 올려다보고 있는 모습을 발견할 수 있다.

17세기 네덜란드 화가 겔러의 〈예수세례식〉이란 작품 역시 하늘 위의 원반형 물체로부터 네 줄기의 빛이 내려오는 모습을 그리고 있다. 이 작품들의 특징은 모두 종교를 소재로 하고 있다는 점이다.

▲ 카를로 크리벨리의 수태고지. 왼쪽 위로 비행물체가 보인다.

중국 청조 말엽의 오우여라는 화가가 남긴 그림에도 UFO 같은 비행물체가 그려져 있다. 이 그림의 제목은 〈적염등공(赤焰騰空)〉. 즉 붉은 불덩어리가 하늘에 떠 있다는 의미로서, 당시 남경 수작교 근처에 나타났던 괴물체와 그것을 구경하는 사람들의 모습을 그린 그림이다.

그밖에 UFO가 역사 속에서 자주 출몰한 시기는 전쟁과 관련이 깊다. BC 332년 알렉산더 대왕이 페니키아를 포위해 공격하고 있을 때 하늘에 방패 모양의 은색 물체가 나타났다는 기록이 남아 있다. 그것을 본 일부 병사들은 도시 성벽을 파괴하기 위한 새로운 무기로 생각했다고 전한다.

전 세계가 전쟁의 소용돌이 속에 휘말렸던 제2차 세계대전 때에는 비행기 옆을 나란히 날아다니는 이상한 물체를 목격하는 공군 조종사들이 속출했다. 비행기 주변을 선회하던 그 물체의 속도는 비행기가 도저히 따라잡을 수 없을 만큼 빨랐다. 실제로 그 물체에 대해 발포한 비행기도 있었는데 총알이 관통했으나 그 물체는 전혀 손상되지 않았다고 한다.

때문에 연합군 측 조종사들은 그 물체를 독일군의 신무기로 생각했고 독일군 조종사들은 연합군 측의 것으로 생각하기도 했다.

6·25전쟁 때도 미군 조종사들의 UFO 목격담이 이어졌다. 전쟁 직후인 1950년 9월부터 한반도 상공에 나타나기 시작한 괴비행체는 미군 조종사와 지상 레이더 요원 등에 의해 50여 차례나 목격될 만큼 빈번하게 출현했다.

한편 최근에는 UFO처럼 생긴 물체가 새겨진 동전이 발견되어 화제가 되기도 했다. 미국의 희귀 화폐수집가에 의해 발견된 이 동전에는 시골 하늘을 날고 있는 비행물체가 새겨져 있는데 그 형체가 쟁반 모양의 UFO와 놀라울 만큼 흡사하다.

1680년 프랑스에서 제작된 동전은 화폐가 아니라 당시 프랑스에서 교육·게임용으로 사용되던 칩의 일종인 것으로 밝혀졌다.

그럼 과연 『조선왕조실록』에 기록된 괴물체의 정체는 무엇이었을까? 간성, 강릉, 원주, 춘천에서 괴물체를 목격한 바로 그날, 강원도 이외의 지방에서도 그 같은 괴물체가 목격된 기록이 남아 있다. 1609년 8월 25일자 『광해군일기』를 보면 다음과 같이 적혀 있다.

"선천군(평안북도 서부에 있는 군)에서 오시에 날이 맑게 개어 엷은 구름의 자취조차 없었는데 동쪽 하늘 끝에서 갑자기 포를 쏘는 소리가 나서 깜짝 놀라 올려다보니, 하늘의 꼴단처럼 생긴 불덩어리가 하늘가로 떨어져 순식간에 사라졌다. 그 불덩어리가 지나간 곳은 하늘의 문이 활짝 열려 폭포와 같은 형상이었다."

한양에서도 역시 그 물체를 본 것 같다. 같은 날짜의 『광해군일기』에는 "오시(午時)에 영두성(營頭星)이 크기는 항아리만 하였고 빠르게 지나갔는데 마치 횃불과 같고 요란한 소리가 났다."고 기록되어 있다.

여기서 영두성이란 유성을 가리킨다. 그럼 강원도의 각 지방에서 목격된 호리병과 동이 같은 형태의 괴물체는 한낮에 나타난 유성에 불과했던 것일까.

## UFO가 남긴 미스터리

UFO는 'Unidentified Flying Object'의 약자로, 미국 공군이 처음 사용한 군사용어였다. 훈련을 받은 항공요원에 의해 목격됐거나 전파탐지 등의 과학적인 방법에 의해서도 확인할 수 없는 비행물체를 가리키는 말이다.

공식적으로 UFO가 최초로 보고된 것은 1947년 6월 24일 미국 최초의 민간 조종사 케네스 아널드가 워싱턴 주 레이니어 산 부근에서 목격한 일련의 비행물체였다. 그는 다음 날 가진 기자회견에서 목격한 비행체가 마치 수면 위로 튀는 듯이 나는 커피잔 받침 같았다고 표현했다.

이후 비행접시(Flying Saucer)라는 신조어가 등장했고 세계 각지에서 그와 비슷한 UFO의 목격담이 이어지기 시작했다. 결국 1949년 미국 공군은 그럿지 프로젝트라는 이름으로 UFO 조사활동을 시작했다. 그럿지 프로젝트는 1952년 블루북 프로젝트로 변경되어 17년간이나 극비리에 UFO 조사가 진행되었다.

하지만 UFO로 보고되는 대부분의 사안들은 확인 결과 천문기상 현상이거나 새떼, 비행기구 등을 오인한 것으로 드러났다. 그러나 그중 6퍼센트 가량은 미확인으로 남아 있다.

가장 대표적인 사례로는 1957년 6월 미 공군기 RB-47이 목격한 괴비행체였다. RB-47기는 미시시피 주에서 오클라호마 주까지 약 1,000킬로미터의 거리를 푸르스름한 빛을 내며 빠르게 움직이는 괴비행체에 의해 추적당

◀ 자신이 목격한 비행접시를 설명하고 있는 케네스 아널드.

했는데, 비행기 내의 수신장치에도 전파 비슷한 신호가 감지되었다고 한다.

1969년 미 공군은 외계에서 UFO가 온다는 징후가 없고 과학적인 증거가 불충분하여 더 이상 조사할 필요가 없다는 결론을 내린 후 블루북 프로젝트를 중지시켰다.

UFO에 관해 세계적으로 가장 유명한 사건은 미국의 로스웰 사건이다. 케네스 아널드가 최초의 비행접시를 목격하기 열흘 전인 1947년 6월 14일 뉴멕시코 주 로스웰 시 외곽의 한 목장에서 농부가 이상한 잔해를 발견했다.

그의 신고로 출동한 보안관 역시 목장 주변의 목초지에서 금속 파편과 은박지 등의 물체를 발견했다. 보안관은 즉시 미 공군에 연락했고 7월 8일 언론은 로스웰 지역 목장에서 비행접시를 포획했다는 뉴스를 내보냈다.

그러나 몇 시간 뒤 미 공군은 갑자기 입장을 바꾸어 로스웰 지역에 추락한 것은 비행접시가 아니라 기상관측용 기구였다고 발표했다. 이 같은 미 공군의 갑작스런 입장 변경에 대해 훗날 공군 공보장교 월터 헛(Walter Haut)은 자신이 처음 받은 보도자료에는 분명히 비행접시의 잔해로 되어 있었다고 진술하기도 했다.

어쨌든 이 사건은 공군의 신속한 대응으로 세간의 관심에서 멀어져 갔지만 아직까지도 논란이 끊이지 않고 있다. 당시 현장 수습을 맡았던 군인이 외계인의 시신을 목격했다고 증언하는가 하면, 현장 부근에서 이상한 물체를 수집했다는 증언들이 이어졌다. 현재 로스웰 시에 건립되어 있는 국제 UFO박물관에는 그 지역에서 수집된 다양한 물건들이 전시되어 있다.

1999년 9월 미 공군은 그동안 특급 기밀문서로 묶여 있던 로스웰 사건 자료를 공개했다. 그에 의하면 당시 로스웰에 추락한 잔해는 구 소련의 핵폭발 실험을 감지하기 위해 띄운 미군의 비행기구 잔해이며, 사람들이 외계인으로 오인한 것은 실험용 인체 모형이라고 해명했다. 하지만 이 같은 기밀 해제는 오해를 풀기는커녕 오히려 사람들의 호기심만 더욱 증폭시켰다.

아폴로 14호를 타고 사상 여섯 번째로 달 착륙에 성공한 미국의 전 우주비행사 에드거 미첼은 2008년 7월 로스웰에 추락한 것은 UFO가 맞다고 주장하여 다시 한 번 화제를 모으기도 했다.

여기서 주목할 점은 로스웰 지역이 당시 세계에서 유일하게 레이더와 로켓, 그리고 핵무기 실험이 행해지던 곳이라는 사실이다. 혹시 전쟁 지역에서 자주 목격된 UFO의 특성과 관련이 있는 것은 아닐까.

## 조선에 나타난 UFO의 실체

그럼 다시 광해군 때 목격된 조선의 UFO로 이야기를 되돌려 보자. 1609년이면 광해군이 선조의 뒤를 이어 즉위한 이듬해로서, 임진왜란으로 파탄 난 국가 재정을 회복하고 조정의 기틀을 바로잡는 데 전력을 기울이던 때였다. 따라서 대규모 전쟁과 같은 징후는 전혀 보이지 않던 시기였다.

즉 전쟁 때 유난히 자주 출현하던 UFO의 특성과는 거리가 먼 셈이다. 다만 특이한 점이 있다면 그해 따라 유난히 기상이변이 많았다는 사실이다. 3월과 4월 충청도에서는 앞을 분간할 수 없을 정도의 심한 흙비가 내렸고 봄 가뭄이 심해 여러 곳에서 기우제를 올렸다. 또 UFO가 목격되기 직전인 8월 10일에는 함경도에 거위알만 한 우박이 내리기도 했다.

8월 16일 충청도 보은에서는 우레 같은 소리와 함께 지진이 일어나 집이 흔들렸다는 기록도 보인다. 당시는 16세기 중반부터 시작된 소빙하기의 영향으로 전 세계적으로 이상기온과 자연재해가 급증하던 시기였다.

그럼 광해군 때 강원도 하늘에 나타난 괴비행체는 기상이변의 속출과 더불어 나타난 유성에 불과했던 것일까. 여러 가지 정황으로 보아 그럴 가능성은 충분하다.

유성이 빠른 속도로 떨어질 때 대기와 충돌하면서 유성 표면에서 떨어져 나온 물질들이 하전 입자로 변한다. 이 이온화된 원자들은 들뜨게 되어 가시광선을 복사, 빛을 만들어낸다.

유성 중에서도 특히 크고 밝은 것을 '불덩어리유성(fireball: 화구)'이라고 하는데, 특히 이 경우 비적(飛跡)이라고 하는 밝은 잔상이 운석의 머리 뒤로 남게 된다. 레이더조차 실제 물체와 비적의 흔적을 구분하지 못하는 경우가 많아 UFO로 오인하기에 딱 알맞다.

더구나 불덩어리 유성의 대기충격파는 지구 표면까지 전달되어, 천둥이나 폭음과 비슷한 소리를 발생시키기도 한다. 이렇게 볼 때 괴물체와 함께 들렸다는 강원도의 천둥소리는 유성의 대기충격파이거나 타고 남은 운석이 지상에 충돌하는 소리였을 가능성이 높다.

그렇다고 해서 강원도의 UFO를 유성이라고 단정 지을 수만은 없다. 우선 유성은 조선시대를 통해 대단한 재이로 여겨지지 않을 만큼 자주 일어나는 현상으로 파악되고 있었다는 점이다.

낮에 나타난 유성의 기록도 비교적 흔하며, 여러 가지 특이한 유성의 형상도 정확히 파악할 만큼 유성에 대한 관측기술과 인식도가 높았다. 따라서 굳이 낮에 나타난 불덩어리 유성을 보고 한 달 후 조정에 직접 보고할 만큼 호들갑을 떨 이유가 전혀 없었다.

또 하나 결정적인 것은 그날 강원도 양양에서 목격한 괴물체의 상세한 기록 정황이다.

"양양부에서는 8월 25일 미시에 품관인 김문위의 집 뜰 가운데 처마 아래의 땅 위에서 갑자기 세숫대야처럼 생긴 둥글고 빛나는 것이 나타나, 처음에는 땅에 내릴 듯하더니 곧 1장 정도 굽어 올라갔는데, 마치 어떤 기운이 공중에 뜨는 것 같았습니다. 크기는 한 아름 정도이고 길이는 베 반 필(匹) 정도였는데, 동쪽은 백색이고 중앙은 푸르게 빛났으며 서쪽은 적색이었습니다. 쳐다보니 마치 무지개처럼 둥그렇게 도는데 모습은 깃발을 만 것 같았습니다. 반쯤 공중에 올라가더니 온통 적색이 되었는데, 위의 머리는 뾰족하고 아래 뿌리 쪽은 자른 듯하였습니다. 곧바로 하늘 한가운데서 약간 북쪽으로 올라가더니 흰 구름으로 변하여 선명하고 보기 좋았습니다. 이어 하늘에 붙은 것처럼 날아 움직여 하늘에 부딪칠 듯 끼어들면서 마치 기운을 토해 내는 듯하였는데, 갑자기 또 가운데가 끊어져 두 조각이 되더니, 한 조각은 동남쪽을 향해 1장 정도 가다가 연기처럼 사라졌고 한 조각은 본래의 곳에 떠 있었는데 형체는 마치 베로 만든 방석과 같았습니다. 조금 뒤에 우레 소리가 몇 번 나더니, 끝내는 돌이 구르고 북을 치는 것 같은 소리가 그 속에서 나다가 한참 만에 그쳤습니다."

◀ 로스웰에 있는 국제UFO박물관. 당시 상황 재연 전시물.

양양에서 괴물체를 목격한 시각은 오후 2시경으로 다른 지역과 좀 차이가 나지만 유성으로 여기기엔 이상한 점이 너무 많다. 첫째, 괴물체가 하늘 위에서 아래로 떨어진 것이 아니라 땅위에서 갑자기 나타나 하늘 위로 올라가며 비행했다는 걸로 보아 유성으로 보기엔 무리가 있다.

또한 비행체의 형태를 세숫대야라고 묘사한 점은 UFO 중 가장 많이 보고되는 형태인 원반형과 일치하고 있다. 더불어 무지개처럼 동그랗게 돌기도 하고 백, 청, 적의 세 가지 빛에서 적색으로 변했다가 다시 흰구름처럼 변하고 그 후 두 조각으로 나뉘어져 하나만 공중에 멈추어 있는 것은 형체 변화형의 UFO 비행특징과 매우 닮았다.

미 공군의 그럿지 프로젝트 때부터 자문역으로 참가했던 천문학자 앨런 하이네크 박사는 처음에 UFO의 존재를 믿지 않는 부정론자였다. 하지만 블루북 프로젝트의 종료 이후 그는 따로 UFO연구센터를 차려 독자적인 조사활동에 나설 만큼 UFO 긍정론자로 변했었다.

문득 지금은 고인이 된 하이네크 박사가 『광해군일기』의 괴비행체 기록을 접한다면 어떤 반응을 보일지 궁금해진다. 낮에 나타난 불덩어리 유성으로 생각할까 아니면 UFO라는 판정을 내릴까.

# 12 사육신을 궁지로 몰아넣은 핼리혜성

1910년 초 영국과 미국의 신문들은 마치 지구의 종말이 다가온 듯한 기사를 마구 쏟아냈다. 그로 인해 방독면과 독가스 해독약이 불티나게 팔리는가 하면 미국에서는 비상시에 마실 공기를 채워 놓기 위해 자전거 튜브를 사재기하는 소동이 벌어졌다.

심지어 공포를 견디지 못해 자살까지 하는 사람들도 있었다. 지구촌을 이처럼 공황 상태로 몰아넣은 주인공은 바로 그해 4월에 모습을 드러낸 핼리혜성이었다.

**에드먼드 핼리**

영국의 천문학자, 기상학자, 물리학자, 수학자. 1673년 옥스퍼드 대학교 퀸즈 컬리지에 입학하였다. 대학 재학 중 태양계와 흑점에 대한 논문을 쓰기도 했다.

1705년, 『혜성 천문학 총론』을 발간하면서 1456년과 1531년, 1607년, 1682년에 나타났던 혜성이 모두 같은 혜성이라고 주장하며, 그 혜성이 1758년 다시 나타날 것이라고 예측했다. 예측이 적중하면서 그 혜성은 핼리 혜성이라고 불리게 되었다.

핼리혜성은 영국의 천문학자인 **에드먼드 핼리**(Edmond Halley)에 의해 1705년 그 궤도가 밝혀졌다. 핼리는 당시 기록에 남아 있던 24개 혜성의 궤도를 계산하여, 1531년과 1607년, 1682년에 출현한 바 있는 3개의 혜성이 같은 혜성임을 밝혀냈다. 그리고 76년 후인

▲ 1986년 미국 애리조나 남부 지역을 지나가고 있는 핼리 혜성 사진.

1758년 이 혜성이 또 나타날 거라고 예측했다.

정말 그의 말대로 1758년 크리스마스 밤에 긴 꼬리를 드리운 혜성이 나타났다. 이로써 갑자기 나타났다 갑자기 사라져 버리는 알 수 없는 꼬리별 혜성에도 주기가 있다는 사실이 비로소 밝혀졌으며 이 혜성은 그의 이름을 따 핼리혜성이 되었다.

에드먼드 핼리가 혜성의 궤도 계산에 착수한 것은 친구인 아이작 뉴턴 때문이었다. 뉴턴은 1680년 10월과 11월에 관측된 혜성이 태양 뒤로 사라졌다가 12월에 다시 나타나자 의구심을 품었다.

다시 나타난 혜성이 새로운 혜성이 아니라 이전의 것과 동일하다면 태양을 중심으로 궤도를 그리고 있다는 말이 되기 때문이었다. 직접 혜성의 궤도를 그려 보던 뉴턴은 태양의 보이지 않는 힘이 혜성을 그렇게 움직인다고 생각했다.

그 힘이 바로 뉴턴이 밝혀낸 중력이었다. 즉 뉴턴은 널리 알려진 사과 이야기보다는 혜성 덕분에 중력의 개념을 체계화시킬 수 있었던 셈이다.

그런데 핼리혜성의 정체가 이미 밝혀진 1910년에 그 같은 소동이 벌어진 이유는 무엇일까. 그것은 그보다 몇 년 전에 발표된 혜성의 꼬리에 대한 스펙트럼 조사 결과 탓이 매우 컸다.

당시 과학자들은 혜성 꼬리의 푸르스름한 색을 분석하여 시안 성분이라고 발표했다. 시안은 청산가리 같은 시안 화합물을 만드는 성분인데 이로 인해 핼리혜성의 독가스 소동이 벌어졌던 것이다.

천문의 이상 현상을 매우 상세하게 기록하고 있는 『조선왕조실록』에도 핼리혜성의 관측 기록이 고스란히 담겨 있다. 혜성의 한자는 비 혜(彗)와 별 성(星)인데, 즉 빗자루별이란 뜻이다. 또 영어 Comet는 긴 머리카락을 지닌 것이라는 뜻의 그리스어 'Komete'에서 유래한 것으로, 풀이하면 머리카락별이 된다.

즉 혜성이란 단어의 어원은 동서양 모두 혜성의 그 특이한 모양에서 유래했는데 혜성의 출현이 갖는 의미 또한 비슷했다. 왕의 죽음이나 전쟁, 전염병, 기아 등등 모든 불행한 징조가 바로 혜성의 팔자였다.

## 사육신과 핼리혜성

조선에서는 특히 반란이나 쿠데타의 징조로 혜성을 해석하곤 했는데 혜성이 흰 빛을 띠면 장군이 역모를 일으키며 꼬리가 길고 클수록 재앙이 크다고 생각했다.

당시 사람들이 혜성을 이처럼 불길한 징조로 여긴 것은 바로 혜성의 그 이상한 모습과 행태 때문이었다. 옛 사람들은 지구의 물질과 인간의 세상사는 끊임없이 변하는 불완전한 세계이지만 하늘과 천체는 특별한 물질로 구성되어 있어 완벽하다고 믿었다. 이처럼 완벽하고 평화로운 우주의 질서를 깨뜨리며 불현듯 출현하는 천체가 바로 혜성이었다.

조선 개국 후 핼리혜성이 처음 방문한 것은 1456년(세조 2) 5월 무렵이었다. 세조실록에 의하면 5월 4일 혜성이 처음 나타난 뒤 5월 27일 마지막 관측 기록이 있다. 그런데 그로부터 5일 뒤 사건은 예상치 못한 곳에서 터졌다.

의정부 우찬성인 정찬손과 그의 사위인 성균사예 김질이 6월 2일 은밀하게 아뢸 것이 있다며 임금의 알현을 청했다. 세조가 사정전에서 그들을 면담한 결과, 놀라운 사실이 김질의 입에서 줄줄 흘러나왔다. 바로 그 유명한 사육신의 단종 복위 계획의 전모가 그 자리에서 밝혀진 것이다.

사육신 사건은 수양대군이 조카인 단종을 상왕으로 물러 앉히고 왕으로 등극하자 세종과 문종에게 특별한 신임을 받았던 집현전 학사들과 몇몇 무관들이 계획한 단종 복위 운동이었다.

**별운검 [別雲劍]**
조선시대에 임금이 거동할 때 운검(雲劍)을 차고 왕의 신변을 보호하는 임무를 맡았던 벼슬아치.

그들이 잡히기 하루 전날, 세조는 창덕궁에서 상왕 단종과 함께 명나라 사신을 맞이했다. 그때 **별운검**으로 임명된 유응부가 세조를 살해한다는 것이 그들의 계획이었다. 하지만 창덕궁 연회장이 협소하여 별운검을 들이지 않기로 하면서 그들의 거사는 뒤로 미뤄지게 되었다.

그러자 함께 거사에 참여하기로 했던 김질과 정창손이 세조에게 그 사실을 모두 털어놓았고 사건에 연루된 이들은 일주일 후 모두 처형되었다. 그들 중 박팽년, 성삼문, 이개, 하위지, 유성원, 유응부는 후대에 사육신으로 기록되었다.

그럼 사육신 사건과 그 무렵 관측된 핼리혜성 사이에는 과연 어떤 연관성이 있을까. 김질이 세조를 알현한 그날 실록을 보면 성삼문이 자신을 처음 불러 “근일에 혜성이 나타나고 사옹방(임금의 식사와 대궐 안의 연회에 쓰이는 모든 식사 공급에 관한 사무를 관장한 관청)의 시루가 저절로 울었다니 장차 무슨 일이 있을 것인가?” 하고 운을 뗐다고 기록되어 있다.

즉 성삼문은 김질과 정창손을 거사에 끌어들이기 위해 당시 나타난 핼리혜성의 징조부터 언급한 것이다. 하지만 애초 혜성 출현에 대한 성삼문의

인식은 반역에 있지 않은 모양이었다. 김질의 고발로 붙잡힌 뒤 세조가 왜 김질에게 그런 말을 했는가 하고 묻자 성삼문은 다음과 같이 대답했다.

"지금 혜성이 나타났기에 신은 참소하는 사람이 나올까 염려하였습니다."

이는 혜성이 자신의 역모를 상징하는 것이 아니라 혜성으로 인해 죄 없는 사람들이 억울한 누명을 쓰지 않을까 염려했다는 의미인 것 같다. 어쨌

든 조선 개국 후 처음 등장한 핼리혜성은 당시 조정의 가장 민감한 정치 사안인 단종 복위라는 엄청난 사건의 뇌관 역할을 톡톡히 하고 있었다.

다음번에 핼리혜성이 나타난 것은 1531년(중종 26) 6월 28일(윤달)이었다. 조선시대 두 번째로 관측된 이 핼리혜성은 중종 때의 최고 간신으로 손꼽히는 김안로의 재등용과 때를 같이 하고 있다.

## 핼리혜성, 조선의 멸망을 암시하다

김안로는 1506년(중종 1) 별시문과에 장원급제하면서 관직에 등용되어 사간원 정원, 홍문관 부교리, 직제학, 부제학, 대사간 등의 요직을 맡았다. 1519년 기묘사화로 신진 개혁세력인 조광조 일파가 숙청된 후 이조판서에 오른 그는, 아들 김희가 효혜공주와 혼인하여 중종의 부마가 되면서 권력의 정점에 오른다.

하지만 1524년 남곤과 심정 등에게 탄핵을 받고 경기도 풍덕에 유배되었다. 그 후 남곤이 죽자 유배지에서 자신의 배후 세력을 움직여 심정을 제거하고 마침내 1531년 유배에서 풀려나 재등용된다.

그가 한성부 판윤에 제수된 것이 그해 6월 27일이었는데, 다음 날 10여 자에 이르는 긴 꼬리에 흰 빛깔의 혜성이 나타났다.

권력을 되찾은 김안로에게는 거칠 것이 없었다. 허항, 채무택 등과 함께 옥사를 수차례 일으켜 정적과 자신들의 뜻에 맞지 않은 자들을 제거해 나갔다. 이조판서와 우의정을 거쳐 좌의정에까지 오른 그가 세자를 보호한다는 구실로 휘두르는 칼에 공신들도 추풍낙엽처럼 떨어져 나갔다. 심지어 문

◀1986년 관측된 핼리혜성 은하수.

정왕후의 친오빠인 윤원로, 윤원형 형제도 쫓겨나는 형국이었다.

이렇게 공포 정치를 편 김안로는 특히 개고기 구이를 좋아했는데, 그에게 날마다 개고기 구이를 만들어 바치는 아첨꾼들마저 생겨날 정도였다. 이팽수와 진복창이 대표적인 인물로서, 이들은 개고기 구이로 김안로의 환심을 사서 관직에 등용되었다.

그러나 그의 권력은 그리 오래가지 못했다. 세자를 보호한다는 명분하에 계비인 문정왕후의 폐위를 기도하다 발각되어 결국 1537년(정유) 사약을 받고 말았다. 그 후 김안로는 허항, 채무택과 함께 '정유삼흉(丁酉三兇)'이라 불리었다.

1531년 핼리혜성이 처음 나타났을 때 영의정과 좌의정, 우의정 등 3정승이 사직을 청하는가 하면 중종은 뜻밖의 병란을 우려하여 서울의 군사력을 강화하라는 지시를 내리기도 했다. 또 변방보다 내부를 먼저 걱정해야 한다는 상소를 올리는 신하도 있는 등 조정은 불안에 떨었다.

허나 김안로의 사사 이후 실록은 그때 나타난 혜성이 바로 김안로의 재등용을 경고하는 하늘의 메시지였던 것으로 해석하고 있다. 그날 실록을 기록한 사관은 다음과 같은 논조를 덧붙였다.

"혜성이 보이는 조짐의 응보는 큰 것이다. 김안로가 등용되자마자 혜성의

요괴로움이 바로 나타나니, 하늘이 조짐을 보임이 그림자와 메아리보다도 빠른 것이다."

그로부터 76년 후 핼리혜성은 어김없이 다시 모습을 드러냈다. 1607년(선조 40) 8월 9일 땅거미가 지기 시작할 초어스름에 처음 관측된 핼리혜성은 그해 9월 14일 "구름이 짙게 끼어 혜성을 살필 수가 없다."는 기록을 끝으로 실록에서 자취를 감추었다.

이때는 임진왜란 때 소실된 창덕궁의 복구가 시작되고 전쟁이 끝난 뒤 처음으로 일본에 조선통신사가 파견되는 등 전후의 어수선한 혼란으로부터 점차 안정의 기반을 다지던 무렵이었다. 또 바로 전 해 선조가 그토록 기다리던 적자인 영창대군이 태어나는 등 왕실의 경사도 겹쳐 있었다.

하지만 그해 3월부터 병석에 누워 있던 선조에게는 혜성의 출현이 그 무엇보다 불길한 징조로 다가왔을 것이다. 결국 다음 해 2월 선조는 사경을 헤매다 영원히 일어나지 못했다.

핼리혜성이 조선의 하늘을 네 번째 방문한 것은 1682년(숙종 8) 7월 22일이었다. 바로 다음 날 숙종은 여러 신하들과 접견한 자리에서 혜성의 변고를 두려워한다는 뜻을 알리고 형조판서에게 감옥의 죄수를 속히 판결하라는 지시를 내렸다.

에드먼드 핼리가 세계 역사상 최초로 출현을 예고했던 1758년의 핼리혜성이 조선에서 모습을 드러낸 건 1759년 3월 6일이었다. 이때는 영조가 긴 강상의 이유로 사도세자에게 대리청정을 맡기고 있던 시기였는데, 혜성이 계속 나타나자 천체의 재앙을 늦추는 방도는 오직 세자 저하께서 몸을 돌이켜 수성하는 데 있을 것이라는 요지의 상소가 올라왔다.

이에 사도세자는 "근래 재이가 없던 해가 없는 중에 다시 요성이 나타났으니 실로 놀랍고 두렵다."며 상소한 바를 마땅히 가슴에 새기겠다고 대답했다. 그러나 사도세자의 그런 마음가짐은 그때뿐이었던 것 같다. 그로부터 2년 후 사도세자는 영조 몰래 궁궐을 빠져나가 관서지방에서 유람을 즐겼다. 이후 계속되는 돌발적인 행동으로 영조의 불신이 점점 커져 결국 사도세자는 1762년 8일 동안이나 뒤주 속에 갇혀 있다가 죽게 된다.

영조 때에 출현한 핼리혜성은 천문, 지리학 등의 사무를 맡았던 관상감의 업무용 기록인 『성변등록』에도 상세히 기록되어 있다. 여기에는 혜성의 이동경로 및 꼬리 길이, 모양, 색깔까지 그림과 함께 상세히 묘사하고 있어 세계적으로도 유례가 없는 소중한 자료에 속한다.

에드먼드 핼리가 핼리혜성의 정체를 밝힌 이후 혜성은 더 이상 예측 불허의 불길한 꼬리별이 아니었다. 또한 그 무렵에는 우주와 천체에 대한 근대적 과학지식이 차츰 늘어나고 있었다.

그 영향을 받아 우리나라의 학자도 혜성에 대해 과학적인 시각을 가지기 시작했다. 조선 후기의 실학자이자 과학사상가인 최한기는 1867년에 저술한 『성기운화』라는 저서에서 혜성에 대해 다음과 같이 설명했다.

"혜성이란 아주 작은 중심체가 아주 큰 기체를 끌고 있는데 그 인력이 충분치 못해 길게 꼬리를 그리게 된다."

◀ 사도세자와 혜경궁 홍씨가 합장된 경기도 화성의 융릉.

이런 영향 탓인지 핼리혜성이 조선을 여섯 번째 방문한 1835년(헌종 1)에는 혜성의 출현에 대한 대응이 매우 차분하고 과학적이다.

그해 헌종실록 8월 22일자 기록을 보면 혜성이 저녁에 나타났는데 빛은 희고 꼬리의 길이는 2척가량이었으며 북극과의 거리가 32도라고 묘사하고 있다. 또 4경에 혜성이 서쪽으로 사라졌는데 헌종은 측후관을 임명하여 윤번으로 숙직하게 했다고 기록되어 있다.

그런데 놀라운 것은 과학이 밝힌, 어두운 그늘에 가려져 있던 혜성의 정체는 옛날 사람들이 짚어낸 혜성의 팔자와 매우 닮아 있다는 점이다. 핼리혜성처럼 태양을 중심축으로 다시 돌아오는 주기혜성은 200년을 기준으로 하여 단주기혜성과 장주기혜성으로 나누어진다.

단주기혜성의 고향은 태양으로부터 약 45억~75억 킬로미터 떨어진 해양성 궤도 바깥쪽의 카이퍼벨트로서, 이곳엔 행성 형성의 잔재인 수천만 개의 얼음핵이 모여 있다.

혜성의 대부분을 차지하는 장주기혜성은 태양으로부터 3만~10만 AU(1AU는 지구와 태양 사이의 거리로서 약 1억 5,000만 킬로미터)에 위치한 오르트구름(Oort Cloud)이 고향이다. 해왕성이 태양으로부터 약 30AU 거리에 있으니 그보다 1,000배 이상 멀리 떨어진 곳이다.

이 오르트구름에는 약 1조 개의 혜성 핵이 있을 것으로 예상되는데 다른 별이 지나가면서 오르트구름을 흔들면 구름의 일부분이 떼어지면서 수많은 혜성들이 탄생하게 된다. 이렇게 태어난 아기 혜성들은 대부분 태양계 외곽으로 빠져나가고 몇몇만이 태양의 중력에 끌려 태양계로 진입하는 장주기혜성이 된다.

지금까지 지구인에게 알려진 혜성은 대략 1,600여 개. 그중 600여 개는

◀ 딥임팩트 호가 템펠-1 혜성에 근접한 모습의 상상도.

궤도가 파악되어 언제 다시 지구를 스쳐 가는지 알 수 있으며 매년 10~20개의 혜성이 새로 발견된다.

그런데 우리 눈에 보이는 꼬리가 긴 혜성은 이미 스스로 죽음을 향해 달려 가고 있는 상태다. 태양을 한 바퀴 돌 때마다 혜성의 몸체인 핵이 크게 줄어들기 때문이다. 76년마다 꼬박꼬박 지구를 방문하는 핼리혜성도 15만 년 후에는 가스 등의 분자가 모두 증발해 흔적도 없이 사라지고 말 운명이다.

한편 원시 지구에 유기물질과 물을 공급하여 생명체를 탄생시킨 것도 혜성으로 추정하고 있다. 외계생명체론을 주창하는 학자들은, 태양계의 탄생 초기에 지구로 날아온 혜성에 탄소와 물이 함유되어 있었고 이를 바탕으로 인체를 구성하는 필수 단백질인 아미노산 같은 분자들이 만들어졌다고 주장한다.

실제로 지난 2005년 6월 미항공우주국(NASA)가 무게 370킬로그램의 혜성 탐사선인 딥임팩트 호를 직경 14킬로미터의 혜성인 템펠-1에 충돌시켰을 때 13일 동안 약 25만 톤의 물이 혜성에서 쏟아져 나오는 게 관측되었다.

이렇게 볼 때 혜성은 죽음과 새로운 시작이라는 옛 사람들의 선입관을 그 긴 꼬리 속에 그대로 지니고 있는 셈이다.

## 조선의 마지막 핼리혜성

핼리혜성이 조선을 마지막으로 찾은 것은 1910년이었다. 전 세계가 독가스 소동에 휘말리며 핼리혜성의 출현에 주목하고 있을 때였다. 그러나 그 무렵 『조선왕조실록』의 어디에도 혜성의 출현에 관한 기록은 없다.

지난 6회 동안 핼리혜성의 출현을 정확히 기록했던 조선은 왜 그처럼 잠잠했을까. 혜성의 출현에 더 이상 미신적인 징조를 부여하지 않게 된 탓일까.

아니다. 1910년은 대한제국 마지막 황제인 순종이 재위하고 있던 때로서 『순종실록』은 『고종실록』과 함께 일제 통치 때인 1927년 4월부터 일본이 설치한 이왕직의 주관하에 편찬작업이 이루어졌다. 따라서 총책임 및 감수는 당연히 일본인들에 의해 이루어졌으며 기록 또한 자기들 입맛에 맞게 편찬했다.

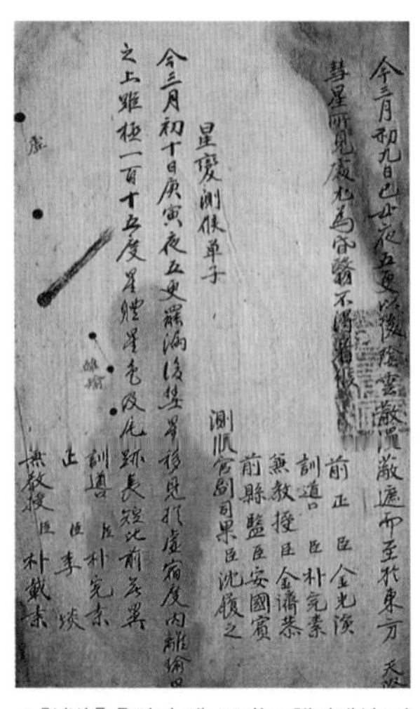
星變測候單子

▲『성변측후단자』에 보이는 핼리혜성 기록. 1759년 4월 6일.

전 세계적으로 핼리혜성이 관측된 것은 1910년 4월이었는데 4개월 후인 그해 8월 29일(양력) 『순종실록』은 다음과 같이 적고 있다.

“한국의 통치권을 종전부터 친근하게 믿고 의지하던 이웃 나라 대일본 황제 폐하에게 양여하여 밖으로 동양의 평화를 공고히 하고 안으로 팔역(八域)의 민생을 보전하게 하니 그대들 대소 신민들은 국세와 시의를 깊이 살펴서 번거롭게 소란을 일으키지 말고 각각 그 직업에 안주하여 일본 제국의 문명한 새 정치에 복종하여 행복을 함께 받으라. 짐의 오늘 이 조치는 그대들 민중을 잊음이 아니라 참으로 그대들 민중을 구원하려고 하는 지극한 뜻에서 나온 것이니 그대들 신민들은 짐의 이 뜻을 능히 헤아리라."

이는 마지막 황제인 순종의 재위 기간 중 마지막 『조선왕조실록』 기록이다. 이날 전격적으로 단행된 한일병합으로 인해 조선 왕조는 건국된 지 27대 519년 만에 막을 내렸다.

## 13
# 중종, 타락죽을 먹고 비소에 중독되다

"요즈음 풍한증이 있어서 이 때문에 오른쪽 어깨가 붓고 아프다. 이제 약을 하문해야겠으니 내의원 관원 하종해와 홍침을 불러 맥을 본 의녀의 말을 듣고 나서 합당한 약을 올리게 하라."

이는 1532년(중종 27) 10월 21일자의 『중종실록』 기록이다. 『조선왕조실록』 중 유일하게 '풍한증'이란 단어가 등장하는 이 기록처럼 중종은 평소에 풍한증으로 인해 고생을 많이 했다고 전해진다.

풍한증이란 찬바람의 나쁜 기운으로 인해 일어나는 여러 증상을 가리키는데 대개 오한과 콧물을 비롯해 열이 나는 감기 증상을 일컫는다. 그런데 한류 열풍으로 유명해진 인기 사극 〈대장금〉에서도 중종이 몸에 찬 기운이 도는 감기 증상을 앓는 장면이 나온 적이 있다.

드라마 속의 중종은 그로 인해 입 안이 헐어 음식을 먹기 힘들어하고 피부 질환이 심해져 상처가 잘 아물지 않아서 고생하는 것으로 그려졌다. 그러다 급기야는 눈이 안 보이고 피부가 검어지기 시작했다.

어의는 중종의 이 같은 증상을 진단한 결과 호혹병(孤惑病)이라는 결론을 내렸다. 호혹병은 구강, 인후, 음부, 항문 등에 짓무르는 궤양이 생기며 눈이 충혈되고 눈 주위가 검어지는 질환이다. 『금궤요략』이라는 한의학 서적에 의하면 이 질환에 걸릴 경우 "식욕이 없고 음식 냄새를 싫어하며 안색이 벌개졌다가 검어지고 하얗게 되었다가 한다."고 적혀 있다.

대장금 역시 중종의 병을 호혹병이라고 진단했지만 그 원인을 놓고서는 어의와 의견을 달리 했다. 어의는 중종의 호혹병이 감기의 후유증으로 인한 것이라고 본 반면 장금이는 웅황(雄黃)에 중독되었기 때문이라는 다소 엉뚱한 답을 내놓은 것이다.

## 비소는 독 중의 왕, 맹독성 원소

웅황은 황화비소를 함유하는 귤홍색의 반투명한 광석을 말한다. 이 웅황을 가열하여 승화시키면 사약의 주성분으로 알려진 비상을 얻을 수 있다. 웅황과 비상에 함유된 비소는 '독 중의 왕(King of Posion)'으로 알려진 맹독성 원소이며 고대로부터 독약으로 사용되어 왔다.

사람이 비소를 120마이크로그램 이상 섭취하면 구토, 설사 및 모세혈관

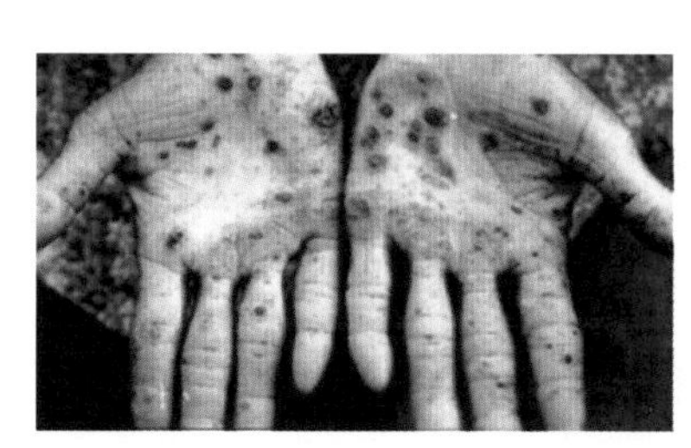

◀ 비소에 중독되어 검은 반점이 생긴 손.

확장, 혈압 감소 등의 증상과 함께 중추신경 기능이 마비돼 1~2시간 내에 사망하게 된다. 무색무취의 백색 분말인 비소는 물에 잘 녹고 설탕이나 밀가루에 섞기 쉬워 오래전부터 암살용 독극물로 사용되었다.

또한 비소를 조금씩 계속 먹으면 체내에 축적되어 서서히 죽으므로 증거를 남기지 않고 죽이는 데 무척 유용했다. 최근 밝혀진 바에 의하면 청나라 말에 개혁을 꿈꾸었던 황제 광서제의 죽음도 비소 중독으로 인한 독살임이 드러났다.

비소에 만성적으로 중독되면 피부가 거칠어지고 식욕이 떨어지며 많은 부위에 미세한 피부궤양이 생기거나 피부색소 침착으로 인한 반점이 나타나기도 한다. 이는 곧 드라마 〈대장금〉 속 중종의 증상과도 일치한다.

그렇다면 중종의 병도 누군가 고의적으로 중종에게 독을 먹여 발생한 것이라고 볼 수 있다. 과연 누가 중종을 시해하려 했던 것일까.

이런 사건을 예방하기 위해 조선시대 궁중에서는 은수저를 이용했다. 은이 황과 반응하면 검은색의 황화은으로 변하게 된다. 따라서 음식물에 비상이나 웅황의 성분인 황이 들어 있을 경우 은수저를 갖다 대면 색깔이 변하게 되는 것. 수라간에서 임금에게 올리는 음식은 반드시 기미상궁이 은수저를 넣어 보고 미리 먹어서 검식을 하게 했다. 그런데도 중종이 웅황에 중독된 것이라니 도대체 어찌된 일일까.

## 비소 중독의 주범은 자연?

모두가 놀라서 다그치는 상황에서 장금이는 태연하게 그 범인이 바로

◀ 냄새가 없고, 특별한 맛이 느껴지지 않는 하얀 비소 분말.

'자연'이라고 대답했다. 장금이가 내린 결론에 의하면 궁중에서 기르는 소가 웅황 농도가 높은 지하수를 마시고 자라서 소의 우유에 비소 성분이 축적되었고 그것을 꾸준히 먹은 중종의 몸에도 비소가 조금씩 쌓였다가 중독 증상이 나타났다는 것이다.

물론 중종의 병은 드라마에서 꾸민 설정이었다. 하지만 중종의 비소 중독 과정에 대한 장금이의 설명은 나름대로 충분한 과학적 근거를 가진다.

부경대학교 연구팀이 웅황과 인공위액을 반응시킨 다음 컴퓨터 시뮬레이션을 통해 인체 내 환경을 분석해 본 결과 웅황은 극미량이 체내에 흡수되는 것으로 나타났다. 또 지하수에 함유된 비소의 경우 소의 체내에서 인체에 흡수되기 쉬운 형태로 축적될 수 있다.

때문에 웅황 성분이 많이 함유된 지하수나 비소에 오염된 풀을 먹고 자란 소의 우유를 꾸준히 먹을 경우 중종처럼 비소 중독을 일으킬 가능성이 충분하다. 비소는 바닷물 속에 10~20ppb, 강물에 2ppb 정도 함유되어 있으며, 지하수 중에는 최대치가 50ppb 정도 되는 물도 있는 것으로 알려져 있다.

그럼 조선시대에도 중종처럼 우유를 그렇게 자주 마실 수 있었던 것일까. 조선시대에는 우유를 **타락**이라고 했다. 타락이란 '말린 우유'의 뜻을 지

**타락 [駝酪]**

소나 양 등의 동물의 젖 또는 이것으로 정련해서 만든 음식을 말한다. 우유가 우리나라에 전해진 것은 4세기 경부터로, 조선시대에는 새끼를 낳은 어미소의 젖을 짜서 진상했는데 임금 같은 특수 계층만 먹을 수 있었다. 타락색이라는 관청을 두어 이를 관리하였고 지금의 동대문에서 동소문에 걸친 동산 일대에 국가에서 운영하는 낙산 목장이 왕실에 우유 보급을 책임졌다.

닌 '토라크'라는 몽골어에서 유래된 말이다.

경인교육대학교 김호 교수의 논문에 의하면 조선시대 왕실의 보양식으로 가장 많이 진상된 음식은 붕어찜과 타락죽이라 한다. 타락죽은 우유로 만든 죽을 말하는데 곱게 갈아놓은 찹쌀에 물을 붓고 쑤다가 우유를 넣어 덩어리가 없게 풀어서 만든다.

임금이 잠자리에서 일어나면 이른 아침 허기를 세우기 위해 자릿조반이란 죽식을 받았는데, 그 대표 메뉴가 바로 타락죽이었다. 만화 『식객』에서도 한국을 방문한 세계적인 칼럼니스트 케빈에게 주인공인 성찬이가 타락죽을 대접해 '역사 깊은 한국 음식의 진수'라는 평을 듣는 장면이 나온다.

## 임금의 대표 보양식, 타락죽

『동의보감』에 의하면 타락죽은 신장과 폐를 튼튼하게 하고 대장 운동을 도와주며 피부를 윤기 나고 부드럽게 해 주어서 어린아이, 노인, 환자의 보양식으로 좋다고 소개되어 있다. 때문에 『조선왕조실록』에서도 타락죽은 종종 임금의 보양식으로 추천되고 있다.

단종이 즉위하자마자 황보인, 남지, 김종서 등의 대신들이 문안 인사차 들러 "지금 주상께서 나이가 어리시고 혈기가 정하지 못하시니 청컨대 타락을 드소서." 하고 권했다는 기록이 있다.

또 왕위에 오른 지 불과 8개월 보름 만에 시름시름 앓다가 세상을 떠나 조선의 역대 왕들 가운데 재위기간이 가장 짧았던 인종에게도 여러 신하들이 타락을 권했다. 내의원 도제조 홍언필은 "타락은 고깃국과 같은 것이 아니어서 위장에 자양을 주어 윤택하게 하고 심열을 제거하는 것이니 빨리 드시지 않을 수 없습니다."라고 간곡히 청했다.

하지만 타락은 조선에서 쉽게 맛볼 수 있는 음식이 아니었다. 조선 숙종 때 김창업이 사신으로 청나라에 다녀와서 쓴 『연행일기』에 의하면 자금성에서 황제의 알현을 기다리는 동안 타락차가 들어왔는데 조선 사신들이

◀ 이른 아침 임금에게 바치는 자릿조반의 대표 메뉴가 타락죽이었다.

◀ 조선 왕실의 우유를 공급했던 관청인 타락색이 있었던 낙산.

마시려 하지 않았다고 되어 있다. 그것은 조정의 높은 벼슬아치들도 우유의 맛을 미처 알지 못했다는 증거다.

그러면 축산업이 발달하지 않았던 조선시대의 임금들은 어떻게 타락죽을 그처럼 자주 먹을 수 있었던 것일까.

서울시 종로구 혜화동 대학로 뒤편에는 낙산(駱山)이 있다. 오래전부터 숲이 우거지고 약수터가 있어 산책길로 많이 이용되는 이곳은 산 모양이 낙타의 등과 같다고 해서 낙타산 또는 낙산으로 불리게 되었다고 한다.

그런데 이곳이 바로 조선 왕실의 우유를 공급했던 조달처였다는 사실은 잘 알려져 있지 않다. 고려 말기에 우유를 조달하는 관청인 유우소(乳牛所)가 생겼는데 그것이 조선시대에 접어들면서 궁궐 살림을 담당하는 사복시 아래의 타락색(駝酪色)으로 바뀌었다.

타락색이 위치한 곳은 지금의 동대문 부근의 동산이었다. 이후 그 산은 타락색이 위치하고 있다 해서 타락산으로 불리게 되었으며, 지금의 낙산이 바로 그곳이다. 이렇게 볼 때 낙산이란 명칭은 원래 낙타 낙(駱)자가 아니라 우유 낙(酪)자에서 유래된 것이 옳다고 여겨진다.

타락색에서는 경기영(京畿營)이 각 읍에 우유를 공급하는 소의 양을 정해 주어 내의원에 진상하게 했다. 물론 이 소는 항상 우유를 생산하는 젖소가 아니었기에 새끼를 낳은 어미 소의 젖을 모아 우유를 진상할 수밖에 없었다.

때문에 타락색에 소속된 소에게서 태어난 어린 송아지는 영문도 모른 채 어미 소의 젖을 잘 먹지 못하고 굶주려야 했다. 뿐만 아니라 농업 생산력의 핵심인 소들이 그 모양이니 농사에도 지장이 많았다.

이 같은 어미 소와 송아지의 애달픈 처지를 측은히 여겨 타락죽을 올리지 말라고 명한 임금이 있었다. 소의 모성애를 헤아린 그 임금은 아이러니하게도 자신의 아들인 사도세자를 뒤주에 가둬 무참히 죽였던 영조였다.

1749년(영조 25) 10월 6일자의 『영조실록』에 의하면 내의원에서 전례에 따라 우유를 올렸는데, 하루는 영조가 암소 뒤에 송아지가 따라가는 것을 보고 매우 측은히 여겨 타락죽을 정지토록 명하였다고 기록되어 있다.

1753년(영조 29)에도 영조는 "다섯 주발의 타락죽을 위해 열여덟 마리의 송아지가 젖을 굶게 하는 것은 인정이 아니다."며 원손궁에는 책봉 후에 타락죽을 올리게 하는 등 타락죽의 진배를 줄이는 조치를 취했다.

사도세자가 영조의 명에 의해 스물여덟의 나이에 뒤주에 갇혀 8일 만에 굶어죽은 것이 1762년의 일이었으니 이때만 해도 영조는 어미 소의 자식 사랑까지 헤아렸던 감수성이 풍부한 성품의 소유자였던 듯싶다.

사도세자가 죽은 이후에도 영조는 몇 차례 타락죽을 올리지 말라는 명을 내리곤 했는데 그때는 봄을 맞아 소를 본래 고을로 돌려보내 봄갈이에 사용하도록 한 조치였다.

〈대장금〉에서 타락죽으로 인해 비소에 중독된 것으로 그려졌던 중종도 1511년 외방 수령들이 타락죽을 많이 사용하여 백성들에게 폐해를 끼친다는 이유에서 타락죽을 금하게 하는 조치를 취한 적이 있었다.

그런데 이외에 다른 이유로 타락죽을 거부한 임금들이 있었다. 선조는 선대 왕 명종의 비였던 인순왕후가 1575년(선조 8)에 승하하여 상중에 있

을 때 계속해 곡을 하여 목이 상하고 원기가 쇠약해져 주위에 걱정을 끼쳤다. 이에 삼정승이 선조를 문안하여 타락죽 같은 음식물을 자주 드셔야 한다고 아뢰었으나 선조는 타락죽을 올리지 말도록 명했다.

인조는 중전이던 인열왕후 한씨가 1635년 마흔두 살을 일기로 세상을 뜬 뒤 왕비를 애도하여 30일 넘게 평상시 먹던 음식은 물론 타락죽도 올리지 말게 했다. 이처럼 선조와 인조가 상중에 타락죽을 거부했던 것은 상례(喪禮)에 따른 조치였다. 상복을 입는 기간에는 고기가 든 음식을 먹지 않았는데 우유도 육식으로 여겼기 때문이다.

## 타락죽 때문에 귀양 간 윤원형

한편 명종 때 문정왕후를 등에 업고 왕권을 능가하는 권세를 부리며 온갖 악행을 저질렀던 윤원형이 문정왕후의 사후 다른 신하들에 의해 상소된 26가지 죄목 중의 하나에도 타락죽이 등장한다.

그때 대사헌 이탁 등이 올린 봉서에 의하면 "사복시의 타락죽은 궁궐에 진상하는 것인데 임금께 올릴 때와 똑같이 우유 짜는 인부에게 기구를 가지고 제 집에 와서 조리하게 하여 자녀와 첩까지도 배불리 먹었습니다."라고 되어 있다.

임금이 먹는 귀한 타락죽을 자기 식구들에게 먹이기 위해 타락색에서 일하는 인부까지 마음대로 부렸다니 당시 윤원형의 권세가 어떠했는지 짐작할 만하다. 명종은 그럼에도 불구하고 윤원형의 귀양을 윤허하지 않다가 대신들의 상소가 쇄도하고 백성들의 원성이 높아지자 결국 윤원형을 강음

◀ 조선 후기 화가 조영석이 그린 〈우유 짜기〉.

에 유배했다. 윤원형은 거기서 정경부인의 작호까지 받은 애첩 정난정이 독약을 마시고 자결하자 그 시신을 끌어안고 오열하다 함께 자결했다.

그런데 대신들조차 좀처럼 먹기 어려웠던 우유가 중국 사신들에게는 예외적으로 융숭하게 대접되었던 모양이다. 1601년(선조 34) 11월 17일자의 『선조실록』에 의하면 "일찍이 명나라 사신인 허국이 타락죽을 즐겨 먹었으므로 행선지 도처에서 매양 타락죽을 먹었다."고 되어 있다.

그런데 한번은 허국이 어떤 참(站)에 이르러 타락죽을 먹으려다가 갑자기 도로 상을 물려서 죽 그릇을 살펴보았더니 위에만 타락죽을 덮어 놓고 그 속에는 다른 죽이 들어 있었다고 한다.

하지만 드라마 〈대장금〉 속의 중종은 이렇게 귀했던 우유를 홀로 먹은 탓에 비소 중독을 앓게 되었다. 비소로 오염된 풀을 먹은 소가 우유를 생산하고 백성들은 감히 먹을 수 없었던 우유를 홀로 먹은 임금만이 비소 중독에 걸린다는 설정 속에서 작가가 전하고자 하는 메시지는 과연 무엇이었을까.

## 백혈병 치료제, 비소

독약으로 널리 사용된 비소는 미용제나 정력제로도 사용된 적이 있었

다. 중국 화남 지방에서는 여자 아이에게 비소를 조금씩 먹이는 풍습이 있었는데 비소를 먹으면 멜라닌 색소의 생성이 억제되고 혈액순환이 잘 되지 않아 얼굴이 창백해지기 때문이었다. 즉 이들은 얼굴을 하얗게 하는 미용제로서 비소를 사용했다. 또 19세기 후반 미국에서는 비소를 정력제로 여겨 복용하는 이들도 많았다.

『동의보감』에 의하면 비소를 함유하는 비상은 학질을 다스리고 담이 흉격에 차 있는 것을 토하게 하는 효과가 있다고 되어 있다. 또 구충제로 혹은 피부질환이나 악성종창 등에 비소를 이용하기도 했다.

근대 들어 매독의 치료제인 '살바르산'이란 약물로도 활용된 비소는 이제 백혈병 치료제도 쓰이고 있다. 19세기 이후 비소를 사용해 백혈병을 치료하려는 시도가 있었는데 1970년대 말 중국의 과학자들에 의해 비소를 사용한 백혈병 치료제가 좋은 약효를 나타낼 수 있다는 사실이 발표되었다.

이후 전 세계 과학자들이 비소의 약리 실험을 진행했는데 1998년 미국의 한 암센터 연구진들이 급성 전골수구성 백혈병에 비소가 매우 효과적이라는 연구 결과를 발표했다. 이후 약 2년간의 임상 시험을 거쳐 미국 식품의약국(FDA)이 처음으로 비소화합물을 치료제로 공식 승인했다. 연구진들은 급성 전골수구성 백혈병 이외 다른 암에 대해서도 비소가 약효를 발휘할 수 있는지 연구를 진행 중이다.

약이 곧 독이 되며 독이 곧 약이 되니 무엇이든 너무 과한 것은 좋지 않다는 평범한 진리를 비소를 통해 또 한 번 깨닫게 된다.

# 14
# 아인슈타인과 세종대왕 그리고 일식

1919년 3월 초, 두 팀의 탐사대가 영국을 출발했다. 한 팀은 브라질의 소브랄로 향해 떠났고, 영국왕립천문학회의 간사였던 아서 에딩턴이 이끄는 다른 한 팀은 아프리카 서부 해안의 작은 섬 프린시페로 향했다.

이윽고 개기일식이 예정되어 있는 5월 29일이 되자 프린시페 섬에서 에딩턴 일행은 관측 및 촬영 기기들을 점검하며 긴장의 고삐를 바짝 조였다. 그런데 탐사대의 바람과는 달리 아침부터 폭우가 쏟아지기 시작했다.

개기일식이 일어나는 정확한 시간은 오후 2시. 그때까지 비가 그치지 않

◀ 아인슈타인과 이야기를 나누고 있는 아서 에딩턴.

으면 지난 수개월 동안 치밀하게 준비했던 계획이 수포로 돌아갈 수밖에 없었다. 그런데 정오 무렵이 되자 거짓말처럼 비가 그쳤고 개기일식이 일어나기 30분 전부터는 태양도 모습을 드러냈다.

마침내 오후 2시, 태양이 달의 검은 그림자에 가려 서서히 빛을 잃어 가자 에딩턴 일행은 분주히 움직이며 태양 가장자리 근처 하늘에 나타난 별을 촬영했다.

그로부터 5개월여 후인 1919년 11월 7일 영국의 「타임스」지는 다음과 같이 거창한 헤드라인이 걸린 신문을 발행했다.

"과학의 혁명, 새로운 우주론, 뉴턴주의는 무너졌다!"

기사 내용은 영국의 일식 관측대가 천체 관측을 통해 아인슈타인의 일반상대성이론을 검증해 냈다는 것이었다. 그날부터 아인슈타인은 과학계뿐만 아니라 대중에게도 널리 알려진 유명인사가 되었다. 더불어 20세기 현대물리학의 발전에 가장 큰 영향을 끼친 그의 신화도 시작되었다.

개기일식 때 에딩턴이 촬영한 천체사진에는 태양 뒤에 가려져 있던 별이 찍혀 있었다. 어떻게 그런 일이 일어날 수 있었을까. 바로 거기에 아인슈타인이 주장한 일반상대성이론의 핵심이 담겨 있다.

아인슈타인이 특수상대성이론을 확장해 1915년 발표한 일반상대성이론의 요지는 우주가 굽어진 4차원 시공간이라는 것이다. 따라서 빛이 중력장 속에서 휘어지는 현상을 실제로 관측한다면 그의 이론이 맞다는 것이 검증된다.

빛은 언제나 똑바로 나아가는 것으로 알았던 당시, 빛이 휘어진다는 사실은 누구도 상상하지 못했던 생각이다. 평소 아인슈타인의 일반상대성이론에 대해 관심이 많았던 에딩턴은 태양이 일시적으로 사라져 낮에도 별을

▲ 일식은 음력 1일인 초승달일 때만 일어난다.

관측할 수 있는 개기일식 때 태양의 중력에 의해 별빛이 휘어지는지 검증해 보기로 계획했다.

4개월 전부터 영국에서 태양 근처의 별 위치를 정확히 측정해 온 에딩턴은 그날 태양의 중력에 의해 그 별의 위치가 달라져 있음을 확인할 수 있었다. 브라질로 간 관측대 팀과 에딩턴이 이끄는 관측대 팀의 관측 결과에는 오차가 커서 논란의 여지가 있었지만 영국 왕립학회와 왕립천문학회의 합동 회의 결과 아인슈타인이 제시한 이론이 맞는 것으로 결론 내렸던 것이다.

## 서운관 관원 이천봉, 곤장을 맞다

그로부터 약 500년을 거슬러 올라간 조선시대에도 그처럼 일식으로 인해 과학혁명이 진행된 적이 있었다.

1422년(세종 4) 정월 초하루, 세종은 신년 하례식도 미룬 채 창덕궁 인정전 뜰 앞에서 소복을 입고 있었다. 만조백관들 역시 소복을 입은 채 초조

> **구식 [救蝕]**
>
> 조선시대에 일식(日飾)이나 월식(月飾) 등의 이변이 있을 때 임금이 대궐 뜰에서 삼가는 뜻으로 행하던 의식이다. 각 관청에서는 어명으로 당상관과 낭관 각 1명이 천담복을 입고 기도했고 당상관이 없는 곳은 행수관과 좌이관이 행했다. 연산군 때에는 일식이 있어도 근신하지 않고 구식의 의식을 금했다.

한 표정으로 무엇인가를 기다리듯 하늘만 바라보았다. 그들이 기다린 건 바로 오래전부터 서운관 관원이 예고한 일식이었다.

마침내 해의 서쪽 부분에 낮달이 겹치면서 어두워지기 시작하자 둥둥둥 북이 울렸다. 얼마 있다가 태양이 온전한 모습을 되찾자 북소리가 그쳤고 세종은 섬돌에서 내려와 태양을 향해 절을 네 번 하고는 의식을 마쳤다.

하지만 이날 일식을 맞이하는 **구식**이 끝난 후 대신들은 서운관 관원에게 죄를 물어야 한다고 입을 모았다. 이유는 15분이나 앞당겨 일식을 잘못 예보한 탓에 임금을 추위에 떨게 했다는 죄목이었다. 이로 인해 서운관 관원 이천봉은 곤장을 맞아야 했다.

꼭 10년 후인 1432년(세종 14) 정월 초하루, 공교롭게 이번에도 일식이 예보되었다. 일식이 예정된 시각은 정오. 세종은 예전처럼 신년 하례식을 미룬 채 소복 차림으로 근정전 영외의 섬돌 위에 올라 구식의를 올렸다. 하지만 그날은 아무리 기다려도 끝내 일식이 일어나지 않았다.

이렇게 되자 대신들은 또 난리를 피웠다. 사흘 후 사헌부에서는 서운관 관원들에게 죄를 내리라고 세종에게 아뢰었다. 그러자 세종은 짙은 구름으로 인해 못 보았을 수도 있으니 관측을 잘못한 죄가 없다며 서운관 관원들을 두둔했다.

왜 세종은 10년 전 15분 정도 일식을 늦게 예보한 서운관 관원은 곤장을 맞게 했으면서 이번에는 아예 일식이 일어나지 않았는데도 죄를 묻지 않았던 것일까.

## 작은 달이 큰 태양을 삼키다

이를 이해하기 위해선 우선 일식에 얽힌 몇 가지 상식부터 이해해야 한다. 먼저 일식이 공교롭게도 정월 초하루마다 예보된 이유부터 짚어 보자.

일식은 지구 주위를 도는 달이 태양, 달, 지구의 순서대로 일렬로 늘어설

◀ 옛날에는 일식을 하늘이 군주에게 내리는 벌의 하나로 보는 경향이 강했다.

때 일어난다. 즉 달이 태양과 지구의 중간에 끼어 지구로 오는 태양빛을 가릴 때 나타나는 현상이다.

달이 태양-달-지구의 위치에 올 때가 삭(朔: 음력 1일)이고, 태양-지구-달의 위치에 올 때가 망(望: 음력 15일)이다. 때문에 일식은 음력 1일인 초승달일 때만 일어난다.

그렇다고 해서 일식이 매달 일어나지는 않는다. 달은 지구의 주위를 29.5일마다 한 바퀴씩 돌지만 지구의 공전궤도면과 달의 공전궤도면이 약 5도 정도 기울어져 있기 때문에 평균적으로 4년에 3번꼴로 일어난다.

지구상에서 관측자가 있는 지점이 달의 본그림자 안에 있으면 태양이 전부 달에 가려지는 개기일식이 보이고 관측자가 달의 반그림자 지역에 있으면 태양의 일부가 달에 가려지는 부분일식이 보인다.

본그림자 안에 들어서 개기일식의 관측이 가능한 지역은 폭이 100여 킬로미터에 되지 않는다. 또 달의 그림자는 지표면에서 초속 600~910미터로 매우 빠르게 이동하므로 개기일식이 지속되는 시간은 2분여에 불과하다.

태양의 지름은 140만 킬로미터이며 달의 지름은 고작 3,475킬로미터 정도다. 그런데도 작은 달이 큰 태양을 완전히 가리는 개기일식을 일으키는 까닭은 무엇일까. 이는 태양은 달보다 400배가량 큰 데 비해 지구에서 달까지의 거리보다 400배가량 더 멀리 떨어져 있는 기막힌 우연으로 인간의 눈에 보이는 '겉보기 지름'은 똑같기 때문이다.

하지만 달의 공전궤도는 약간 타원이다. 달이 지구에서 가장 멀리 위치해 있을 때는 그만큼 작아 보이므로, 가끔 태양의 한복판만 가려서 태양이 고리 모양으로 보이는 금환일식이 되기도 한다.

세계에서 가장 오래된 일식 기록은 중국 고대 경전인 『서경(書經)』의 「하서(夏書)」에 남아 있다. 지금으로부터 약 4,000년 전의 기록인데 실제로 그때 일식이 일어났는지의 여부는 분명치 않다. 하지만 어쨌든 역사 속에 기록되어 있는 일식 기록 중 가장 오래된 기록에 속한다.

우리나라 최초의 일식 기록은 기원전 54년 4월 초하루 신라 경주에서 관측되었다고 『삼국사기』에 전한다. 그러나 이 역시 『삼국사기』가 신라 중심으로 편찬되어 있다는 점에서 볼 때 최초인지의 여부를 장담할 수는 없다.

## 한 하늘에 두 개의 태양이 뜨다

옛사람들에게 대낮에 해가 갑자기 사라지는 일식은 여간 괴이한 일이 아닐 수 없었다. 현대인들도 태양이 일순간 완전히 사라지는 개기일식에 대해 어느 정도 공포감을 갖고 있다.

개기일식이 예보되면 그 전에 미리 생활필수품을 사재거나 은행예금을 인출해 현금을 마련해 놓는 사람들이 있다. 힌두 신화에서는 일식을 나쁜 신이 태양을 삼켰다가 토해 내는 것으로 해석한다. 따라서 인도에서는 요즘도 일식이 일어나는 날은 임신부들이 출산을 연기하려고 난리를 피우기도

한다.

옛날에는 일식을 하늘이 군주에게 내리는 벌의 하나로 보는 경향이 강했다. 태양은 곧 군주의 상징인데 그것이 갑자기 사라지므로 군주의 입장에서는 보통 심각한 일이 아니었다.

조선시대에는 일식이 예보되면 왕이 신하들에게 무엇이 잘못되었는지 조언을 구하곤 했다. 또 일식이 일어나는 날에는 왕이 소복을 입고 구식의를 행했다. 백성들에게도 이 같은 사실을 알려 마을에서 풍악을 금했으며 반찬의 가짓수를 줄이는 등 나라 전체가 신중하게 처신을 했다.

그런데 임금이 몸과 마음을 갈고 닦아 정치를 잘해서 나라가 평화로우면 예보된 일식도 일어나지 않을 수 있다는 것이 신하들의 입장이었다. 이와 반대로 세상이 어지러우면 양이 쇠약해져 음이 양을 침범하는 일식이 일어난다는 것이다. 이렇게 볼 때 일식은 임금에 대한 신하들의 좋은 견제장치 역할을 톡톡히 한 셈이었다.

이 같은 상황은 일식 외에 태양의 다른 이상현상이 일어났을 때도 마찬가지로 적용되었다. 1520년(중종 15) 4월 2일 정말 이상한 사건이 중종에게 보고되었다. 전라도 전주에서 두 개의 태양이 함께 나타났다는 것이었다.

한 하늘에 두 개의 태양이 나타났다니 도대체 어떻게 된 일일까. 그것은 태양 근처의 구름에 눈 또는 얼음 조각이 섞여 있을 경우 태양광선이 굴절

◀ 조선 중종 때 전라도 전주에서 두 개의 해가 함께 나타났다는 기록이 있다.

되면서 태양이 둘 또는 세 개로 보이게 되기 때문에 나타나는 일시적인 현상이다.

중종 역시 지방에서 올라온 그 이상한 보고를 믿을 수 없다는 입장이었다. 그래서 중종은 지극히 이상한 일이라며 만약 두 해가 함께 나타난 것을 역사에 쓴다면 후세에서 해괴하게 여길 것이니 감사로 하여금 다시 상세히 아뢰게 하라는 명을 내렸다.

하지만 삼정승은 이에 대해 모두 반대하는 입장을 취했다. 이들은 이상한 재변이 보고되었을 경우 임금이 삼가고 두려워하며 근신하는 태도를 가지면 손해될 일이 없는데 굳이 다시 그 진상을 파악하는 것은 옳지 않다고 아뢰었던 것이다. 일식과 마찬가지로 임금이 자신의 잘못을 반성하는 계기로 삼으라는 충고였다.

## 햇무리 신기록을 세운 세종

한편 군주의 행위에 대해 신하들이 비판적인 시각을 가지고 있을 경우 태양의 이상 현상이 실록에 집중적으로 기록되는 경우도 있다.

세종이 즉위한 다음 해인 1419년(세종 1)은 한 해에만 햇무리가 나타났다는 기록이 무려 74회나 된다. 이는 한 해에 보통 10회 미만인 다른 해의 기록과는 뚜렷한 차이를 보인다. 그 이유는 다름 아닌 태종에게 있었다.

세종에게 양위를 하고 물러난 태종은 그 후에도 실권을 놓지 않고 나라의 모든 일을 좌지우지했다. 더구나 태종은 아들의 앞날을 위해 장애가 되는 외척 세력을 미리 제거하려는 의도에서 양위한 지 3개월 후 세종의 장

인인 영의정 심온과 그의 동생 심정 등을 대역죄로 엮어서 처형해 버렸다.

그때만 해도 세종은 처가 일가가 파멸하는 모습을 앉은 자리에서 지켜볼 수밖에 없을 만큼 힘이 없는 임금이었다. 때문에 당시 세종의 처지가 햇무리 진 태양처럼 광채를 잃은 임금이란 의미에서 그처럼 많은 햇무리가 기록된 것이 아닐까 추측한다.

하지만 하늘에 두 개의 해가 나타났다는 양일병출(兩日竝出) 및 햇무리 등의 태양 이상현상과 일식 사이에는 한 가지 큰 차이점이 있다. 일식은 그런 현상과는 달리 미리 예보할 수 있었다는 사실이 바로 그것이다.

## 조선의 역법을 만들다

조선 초기 일식의 예보는 '수시력'에 의존하고 있었다. 수시력이란 중국 전토를 평정한 원나라 세조가 곽수경 등에게 명하여 1281년 새로이 만든 역법이다. 1년의 길이를 365.2425일로 기록한 수시력은 역대 중국 역법 중 가장 정밀하고 정확한 달력으로 인정받고 있다.

명나라의 역법인 '대통력'도 사실 수시력을 차용한 것으로서 내용에는 별다른 차이가 없었다. 따라서 조선의 서운관에서는 수시력에 나온 한 달의 길이와 1년의 길이 등을 감안하여 일식과 월식을 예보하고 있었다.

하지만 수시력에 의한 예보에는 문제점이 있었다. 그것은 수시력이 중국을 기준으로 한 역법이라는 점이었다. 우리나라의 위도와 경도는 중국과 다르기 때문에 중국의 역법을 그대로 사용하면 절기와 일출·몰 시각에서 약간의 오차가 나타날 수밖에 없었다.

1422년의 일식이 15분이나 빨리 예보되고 1432년에 예보된 일식이 아예 관측되지 않은 것도 바로 이 때문이었다. 이 같은 사정을 누구보다 잘 알고 있었던 세종으로서는 일식을 잘못 예보한 서운관 관원에게 차마 죄를 물을 수 없었던 것이다.

1432년 정월 초하루, 예보된 일식이 일어나지 않자 세종이 중국에서도 일식이 예보되었다는 사실부터 먼저 확인한 것은 이 때문이었다. 세종은 잘못된 일식의 예보가 중국에서 만든 역법을 사용하고 있는 우리나라의 뒤처진 과학기준 문제이지 담당 관원의 잘못이 아니라는 점을 잘 알고 있었다.

이후 세종은 일식의 연구와 관측에 특히 관심을 쏟았다. 중국과 일본에 사신으로 가는 사람은 반드시 일식과 월식에 관한 정보를 얻어 오라고 지시하는 한편 일식 연구를 위한 토론회까지 열도록 지시했다.

더불어 세종은 조선의 독자적인 역법 제작에 착수했다. 이에 따라 많은 집현전 학사들이 매달린 지 10년 만인 1442년 완성된 것이 바로 『칠정산』 내외편이다. 칠정산이란 해와 달, 그리고 수성, 금성, 화성, 목성, 토성 등 칠정의 움직임을 계산하는 방법을 뜻한다.

즉 7개의 움직이는 별의 위치를 파악해 절기는 물론이고 일식과 월식 등을 예보하는 우리나라 최초의 독자적인 역법서였다. 원나라의 『수시력』과 명나라의 『대통법』을 한양의 위도에 맞게 수정·보완한 것이 『칠정산』 내편이며 아랍 천문학의 영향을 받아 원나라에서 편찬한 『회회력』을 조선에 맞게 고친 것이 『칠정산』 외편이었다.

특히 『칠정산』 외편은 한 일본 과학사학자가 '한문으로 엮어진 이슬람 천문 역법 중에서 가장 훌륭한 책'으로 평가할 만큼 정교한 계산 체계를

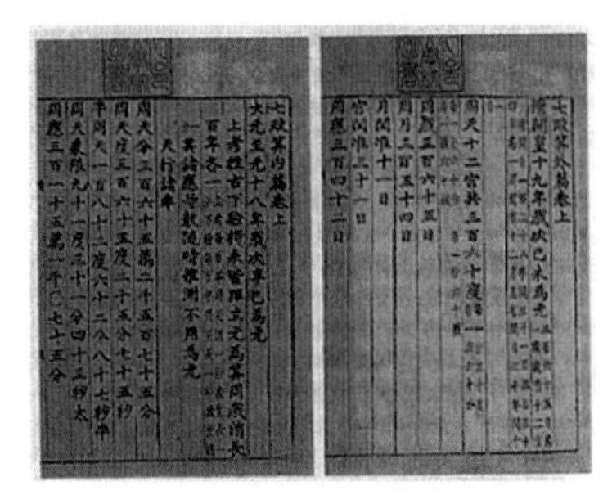

◀ 우리나라 최초의 독자적인 역법서인 『칠정산』.

갖추고 있다. 또 『칠정산』을 편찬하는 과정에서 세종과 당시 조선의 학자들은 혼천의와 간의 같은 정밀한 천문 관측기구들을 직접 제작하고, 시간을 정확히 측정하기 위해 해시계와 물시계 등을 발명하는 성과까지 올릴 수 있었다.

신년하례식도 미룬 채 기다리게 했던 그날의 잘못 예보된 일식은 세종으로 하여금 담당 관원들의 처벌 대신 조선의 과학혁명을 낳게 했던 셈이다.

제 3 부

# 조선의 진기한 기술 그리고 발명

## 15
# 사진 속 조선군의 솜옷 미스터리

1871년(고종 8) 6월 11일, 날이 밝을 무렵 강화도의 초지진과 덕진진에 포탄이 날아들었다. 앞바다에 정박해 있는 미국 군함이 쏘아 대는 포탄이었다. 공격의 지휘자는 미국의 아시아함대 사령관 로저스 제독이었으며 기함 콜로라도 호를 비롯한 초계함 3척과 모두 85문의 대포가 장착된 포함 2척, 그리고 해병대 병력 1,230명이 일사불란하게 상륙작전을 진행하고 있었다.

격렬한 미군의 함포 사격에 더 이상 버틸 수 없었던 조선군은 초지진과 덕진진을 버리고 강화 수로의 요충지인 광성보로 집결했다. 광성보에는 삼군부에서 급파된 어재연 장군이 600여 명의 군사를 거느리고 배수진을 치고 있었다.

덕진진을 함락한 미국 함대는 오후 2시경 광성보를 포위한 후 일제히 대포를 쏘아 대기 시작했다. 이에 조선군들도 대포와 조총을 쏘며 대응했다. 하지만 성능이 좋은 대포와 소총으로 무장한 미군에 맞서기에는 역부족이었다.

군함으로 1시간 동안이나 맹포격을 가한 미군은 상륙을 개시해 성으로 밀고 들어왔다. 조선군의 대응도 만만치 않았다. 화약(火藥)이 떨어져 대포를 쏘지 못하자 성벽 아래로 돌과 흙을 던지기도 하고 총 대신 칼과 창을 들고 처절한 백병전을 벌였다.

이런 격렬한 항전에도 불구하고 광성보는 결국 함락되었다. 조선군들이 얼마나 격렬히 저항했는가 하면 전세가 결정적으로 불리해졌을 때 살아남은 100여 명의 군사들이 강물에 투신하거나 스스로 자결했을 정도였다.

## 조선의 방탄조끼, 면제배갑

광성보를 점령한 미군들은 총지휘관이 있는 본영의 상징인 수자기(帥字旗)를 내리고 그 자리에 성조기를 올려 걸었다. 함께 온 미군의 종군 사진기자 비토는 승리의 순간을 기념하기 위해 셔터를 눌러 댔다. 파괴된 성벽과 진지, 포탄 자국 사이로 곳곳에 널브러져 있는 조선군들의 사체가 그대로 필름에 담겼다.

그런데 당시 찍힌 사진을 보면 이상한 점을 하나 발견할 수 있다. 바로 조선 군사들이 입고 있는 군복이다. 그들은 한결같이 솜이불처럼 두꺼운 면 옷을 입은 채 쓰러져 있다. 6월이면 꽤 더운 철인데 조선군들은 왜 그처럼 두꺼운 옷을 껴입고 전투에 나섰던 것일까.

그날 벌어진 전투는 신미양요의 마지막 전투였던 '광성보싸움'이었다. 신미양요는 교역을 하기 위해 무턱대고 평양으로 들어온 미국 상선 제너럴셔먼 호를 격침시키고 선원들을 죽인 사건을 빌미 삼아 조선을 개방시키기

◀ 광성보 전투 직후 종군 기자가 찍은 조선군 사체들.

위한 미국의 계획된 침공이다.

당시 조선은 이미 5년 전에 프랑스 함대와 병인양요라는 무력 충돌을 겪은 상태였다. 병인양요 때 조총이나 화승총보다 훨씬 우수한 서양 소총을 직접 경험했던 조선군은 그 위세에 사뭇 위축되어 있었다.

이에 흥선대원군은 서양 총으로부터 병사들을 보호할 수 있는 갑옷을 제작하라고 지시했다. 명을 받든 김기두와 안윤은 창이나 칼보다 화살이나 총알에 더 강한 면갑(綿甲)에 주목했다. 면갑이란 목화의 무명 솜에서 나온 실로 짠 면직물을 겹쳐서 만든 갑옷을 일컫는다.

조총을 직접 발사하며 시험해 본 결과 무명을 30장 정도 겹치면 총알도 뚫지 못하는 것으로 드러났다. 그렇게 해서 탄생한 갑옷이 '면제배갑'이었다. 그 후 조선군이 처음 치른 서양과의 전쟁이 바로 신미양요였는데 광성

◀ 무명을 30장 겹쳐서 만든 면갑.

보 싸움의 사진 속 조선군들이 입고 있던 두터운 옷의 정체는 바로 면제배갑이었다.

둥그런 형태의 깃에 활동하기 편하게 양옆이 트여 있는 면제배갑은 두꺼운 대신 소매가 없는 조끼 형태를 하고 있었다. 즉 신미양요 때의 조선군들은 요즘 말하는 '방탄조끼'를 착용하고 전투에 나섰던 셈이다. 그런데도 조선군은 왜 미군이 쏘는 총 앞에서 무력하게 쓰러졌던 것일까.

상대방의 창칼로부터 자신을 보호하기 위한 갑옷은 대대적인 전투를 많이 치렀던 고대국가 병사들의 필수 군복이었다. 중국 주나라 때는 물소 가죽을 꿰어 만든 갑옷을 입었고 진한시대에는 쇳조각을 비늘처럼 이어 만든 갑옷이 등장하기도 했다.

조선의 경우 『세종실록 오례의』를 보면 수은갑, 유엽갑, 피갑, 쇄자갑, 경번갑, 지갑 등의 갑옷이 소개되어 있다. 수은갑과 유엽갑은 조선 전기의 대표적인 갑옷인 철찰갑으로 작은 철 조각이나 가죽 조각을 가죽끈으로 엮어서 만든 갑옷이다. 수은갑은 철 조각의 표면을 수은으로 도금한 것이고 비늘 모양의 쇳조각에 검은 칠을 하고 검게 그을린 가죽끈으로 만든 것이 유엽갑이다.

피갑이란 말 그대로 가죽으로 만든 갑옷으로서 조선시대 때는 멧돼지의 생가죽을 재료로 사용했다. 때문에 조정에서 피갑을 대량으로 만들 때는 시중의 멧돼지 가죽 값이 폭등하는 경우가 많아 후에는 소가죽이나 말가죽을 사용하기도 했다.

쇄자갑은 철사로 작은 고리를 만들어 서로 엮은 갑옷이며 경번갑은 비늘 같은 쇳조각과 쇠고리를 서로 사이하여 엮은 갑옷을 말한다. 사슴 가죽으로 엮어서 만들었던 철찰갑과 달리 쇠고리를 사용한 것이 경번갑의 특징

이다. 사슴 가죽의 경우 여러 해가 지나면 끊어지는 수가 많아서 좀 더 보완한 형태로 등장한 것이 경번갑인 셈이다.

미국의 동양학자 윌리엄 엘리엇 그리피스가 1882년에 펴낸 『은자의 나라, 한국』에서 임진왜란 때 양국의 보병이 모두 쇠사슬과 철판을 엮어서 만든 갑옷을 입고 있었다고 묘사한 대목을 볼 때 경번갑이 당시 가장 널리 보급된 갑옷 형태였다고 추정할 수 있다.

지갑은 닥나무로 만든 한지를 사용해서 제작한 갑옷이었다. 한지는 수명이 오래가고 인장강도가 뛰어나 여러 겹으로 겹칠 경우 화살도 능히 막아낼 수 있었다.

조선 후기의 대표적인 갑옷으로는 두정갑을 꼽을 수 있다. 두정(頭釘)이란 쉽게 말해 놋쇠로 만든 못 머리를 뜻한다. 겉에서 볼 때 이 같은 둥그런 못 머리가 박혀 있는 갑옷이 두정갑이다.

철찰갑이나 경번갑 등 보통 갑옷의 경우 금속이나 가죽 등의 방호재 편찰이 바깥에 달려 있다. 하지만 갑옷의 안쪽에 놋쇠 못으로 방호재를 붙여서 못 머리가 바깥쪽으로 보이게 한 갑옷이 두정갑이다.

『성종실록』을 보면 두정갑의 성능이 어느 정도였는지 알 수 있다.

"임금이 철갑을 꺼내니 그 미늘의 크기가 두 손바닥만큼 하였다. 50보쯤 앞에서 겸사복 정유서로 하여금 이를 쏘게 하여 그 튼튼함을 시험했는데 정유서가 이를 맞혔으나 화살이 능히 뚫지 못하였다." (성종 8년 10월 29일)

요즘 텔레비전 사극에서 흔히 볼 수 있는, 작은 금속 찰이 물고기 비늘처럼 빽빽하게 붙여진 화려한 모양의 갑옷은 두석린갑이다. 그러나 두석린갑은 황동으로 만들어서 방호력이 떨어질 뿐더러 찰 하나하나의 크기가 너무 작아 충격에 약하다.

그럼에도 조선 후기에 두석린갑이 널리 보급된 까닭은 화려한 외양으로 인해 고위 장수의 의장용으로 많이 사용되었기 때문이다. 이처럼 외양을 중시하는 갑옷이 등장한 데는 나름대로 이유가 있다.

조선 전기의 대표적 갑옷인 철찰갑이나 경번갑 등은 모두 가죽이나 철을 주재료로 한 갑옷이다. 이런 철갑옷이나 가죽갑옷은 칼이나 창에 대한 방호력은 뛰어나지만 조총 등의 화기류에 대해서는 효과가 없다는 것이 임진왜란을 통해서 이미 증명되었다.

화기가 발달할수록 갑옷의 가치가 상대적으로 감소했기 때문에 이를 입는 군사들도 줄어들었다. 따라서 필요 없이 무겁기만한 갑옷보다는 단순히

◀ 포연이 자욱한 전투 직후의 광성보 전경.

면으로 만든 군복을 많이 입게 되었고 두석린갑처럼 외양만 화려한 갑옷이 등장하기도 했던 것이다.

조선 전기에는 볼 수 없었던 면갑이 화기가 발달한 조선 후기에 이르러 등장한 것도 바로 그런 이유 때문이다. 무명을 여러 겹으로 겹쳐서 만든 면갑은 칼이나 창에는 잘 찢어져도 총알이나 화살에는 뛰어난 방호력을 갖고 있었다.

조선시대 때 화폐 대용으로 널리 사용된 목면은 그 질긴 성질 때문에 옷감뿐만 아니라 돛을 만드는 데도 널리 이용되었다. 날아오는 총알과 화살의 운동에너지를 감소시키는 데는 이 같은 목면의 질긴 섬유질이 제격이었다.

조선 후기 면갑의 등장은 방탄복의 개발 역사와 매우 흡사하다. 원래 방탄복은 포탄 파편으로부터 신체를 보호하기 위해 탄생했다. 제1차 세계대전 때 죽거나 부상당한 병사들의 대부분이 포탄 파편에 의해 피해를 입었다.

그 이후 방탄복이 조명을 받기 시작하여 포탄 파편을 막는 방탄복이 먼저 개발되었다. 이 방탄복들은 강철로 만들어 매우 무거웠을 뿐만 아니라 총알이 스칠 경우 너무 시끄러워 사실상 착용이 거의 불가능할 정도였다.

총알을 막기 위한 방탄복이 만들어진 것은 합성 소재인 나일론이 등장

한 이후였다. 그러다 듀폰 사에서 '**케블라**'라는 초강력 인조섬유를 개발한 이후 실용적인 최신 방탄복이 등장했다.

> **케블라(Kevlar)**
>
> 미국의 듀폰(Dupont)이 개발한 인조섬유로 1971년 시제품이 출시되었다. 아마이드기를 제외한 모든 주사슬에 페닐기가 파라(para) 형태로 결합된 방향족 폴리아마이드 섬유를 말한다. 황산용액에서 액정방사한 고강력섬유로, 강도·탄성·진동흡수력 등이 뛰어나 진동흡수장치나 보강재·방탄재 등으로 사용된다. 강철과 같은 굵기의 섬유로 만들었을 때 강철보다 5배나 강도가 높다. 하지만 물에 젖으면 강도가 눈에 띄게 줄어들어 별도의 방수처리가 필요하다.

케블라 방탄복은 면제배갑처럼 케블라 섬유를 10~20장 정도 겹친 구조였다. 면제배갑이나 케블라 방탄복처럼 총알을 막기 위한 방탄복은 왜 모두 섬유를 재료로 사용했을까. 그것은 방탄복의 원리를 알면 쉽게 이해할 수 있다.

높은 강도를 지닌 방탄 섬유는 같은 굵기의 강철보다 10배 이상 강도가 높을 만큼 매우 질기고 탄성이 크다. 이런 섬유를 여러 장 겹치면 마치 그물처럼 촘촘해져서 총알을 관통시키지 않는다. 물고기가 그물에 걸리면 꼼짝도 못하는 것과 같은 이치다.

거기에다 총알에서 나오는 높은 열이 섬유를 녹이면서 응집작용이 일어나 총알의 운동에너지를 급격히 감소시키게 된다. 무명을 겹쳐서 만든 면갑이 철갑옷이나 가죽갑옷보다 총알에 대한 방호력이 더 뛰어났던 것도 바로 그 같은 원리에 의해서였다.

대신에 방탄복에는 치명적인 약점이 있다. 총알처럼 회전을 하지 않으면서 높은 열을 내지도 않는 뾰족한 무기에는 쉽게 뚫린다는 것이다. 예를 들면 송곳으로 세게 찌를 경우 총알을 막아내는 방탄복도 뚫리고 만다.

실제로 미국에서는 방탄복을 입은 사람을 고드름으로 찔러서 살해한 사건도 있었다. 이는 총알의 머시룸 효과 때문에 나타나는 현상이다. 머시룸 효과란 총알이 피격 물체에 닿는 순간 충격으로 인해 탄두가 버섯처럼 납

◀ 강화도를 침공한 미 군함 중 한 척인 모노카시 호의 선상에서 기념촬영한 미군전대.

작하게 펴지는 현상이다.

방탄복은 머시룸 효과로 표면적이 늘어난 총알의 압력을 급격하게 감소시켜 진행을 멈추게 한다. 따라서 총알 끝을 뾰족하게 하거나 총알 안에 강한 철심을 박아서 납작해지지 않게 만들면 방탄복도 쉽게 관통된다. 저격용 총의 총알이 바로 그렇게 만들어지는데 뭉뚝한 못보다 끝이 뾰족한 바늘이 쉽게 옷 속으로 파고드는 것과 똑같은 원리이다.

따라서 방탄복의 성능은 막아내야 하는 총알의 탄두 모양이나 재질과 큰 관련이 있다. 또 탄환의 속도와 탄두의 무게도 총기의 파괴력을 좌우하는 중요한 요소가 된다.

대원군의 지시로 만들어진 면제배갑의 결정적인 약점은 바로 여기에 있다. 당시 조선군이 지니고 있던 화승총은 사거리가 120미터 정도였다. 이 화승총으로 직접 쏘았을 때 무명 30장은 뚫리지 않는다는 과학적인 실험의 결과물이 면제배갑이었다.

하지만 신미양요 때 조선군이 상대했던 미군의 소총 성능은 그보다 훨씬 뛰어났다. 당시 미군이 갖고 있던 레밍턴 롤링 블록 소총은 사거리 400미터, 스프링필드 소총은 914미터나 되었다.

또 조선군이 보유한 불랑기포는 사거리가 120미터에 불과했지만 미 군

함에서 쏘아 댄 9인치 함포는 사거리가 1,560미터나 되는 강력한 화력을 자랑했다. 그러니 세계 최초의 방탄조끼를 착용한 조선군들도 속수무책으로 당할 수밖에 없었다. 게다가 면제배갑은 불에 약하다는 면 소재의 치명적인 약점을 그대로 지니고 있었다. 때문에 미 군함에서 쏘아 대는 대포의 파편으로 인해 불이 쉽게 옮겨 붙어 면제배갑을 입은 병사들의 피해는 더욱 컸다.

신미양요 때 조선군의 면제배갑이 큰 위력을 발휘했을 거라는 일부 추측도 있지만 양국 병사의 피해 상황을 비교해 보면 진실은 명확해진다. 광성보 싸움 당시 미군의 사상자는 전사 3명, 부상자 9명이었다.

그에 비해 조선군은 53명이 전사했고 부상자는 24명이었다. 그러나 이는 현장에서 수습된 시신에 대한 기록일 뿐이고 실제로는 당시 끝까지 전투에 임했던 병사 350여 명이 어재연 장군과 최후를 함께한 것으로 알려져 있다(미군 측 기록에 의하면 요새 주변에서 발견된 한국인 전사자는 243명이다).

정확한 정보가 아닌 실험 결과물이 얼마나 큰 피해를 입힐 수 있는지를 잘 보여 준 사례가 바로 신미양요 때의 면제배갑이다.

이 전투 때 미군의 전리품이 된 면제배갑 한 벌이 현재 미국 스미스소니언 자연사박물관에 보관되어 있다. 투구와 갑옷이 세트로 함께 보존된 면제배갑은 그것이 유일한데 목판으로 찍은 표면의 무늬가 우리나라에 보존되어 있는 면갑의 무늬와 똑같은 형태이다.

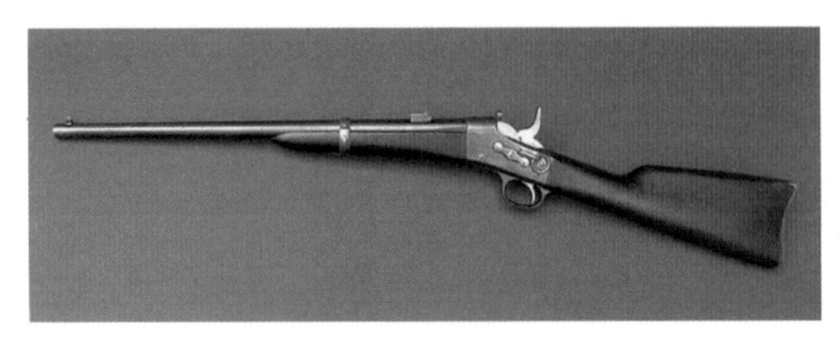

◀ 광성보 싸움 당시 미군이 사용했던 레밍턴 롤링 블럭 소총.

◀ 신미양요 때 미군에 사로잡힌 조선군 포로들.

또 그때 빼앗긴 수자기는 미국 애나폴리스의 해군사관학교 박물관에 소장되어 있다가 136년 만인 지난 2007년 10월에 우리나라로 돌아왔다. 문화재청이 장기 임대형식으로 대여받아 서울 국립고궁박물관에 전시하고 있다.

수자기는 가로 세로 각 4.5미터의 노란색 대형 천에 장수를 나타내는 한자 수(帥)를 새긴 것을 말하는데 국내에는 이 같은 형태의 수자기가 남아 있지 않다.

미군 측 기록을 보면 당시 진지에 꽂혀 있던 수자기를 조선 병사 4~5명이 온몸으로 꽁꽁 묶어 지키고 있었다고 한다. 비록 화력과 장비에서는 밀렸지만 나라의 자존심을 지키려는 조선군의 투혼만은 결코 강대국의 군대에 뒤지지 않았던 셈이다.

# 16
# 세계 최초 측우기 속에 담겨 있는 태종의 눈물

임종을 앞둔 태종이 세종을 불러 말했다.

"지금 가뭄이 한참 심할 때이니 만약 내가 죽어서 영혼이 있다면 기필코 이날만은 비가 내리도록 하겠다."

**동국세시기(東國歲時記)**
조선 순조 때의 학자 홍석모가 지은 세시풍속서. 우리나라의 연중행사와 풍습을 설명한 책으로서, 1년 12개월의 기사를 항목으로 나누어 해설했다. 민속을 적은 책 중에서 가장 소상하며, 이미 사라진 민속까지 광범위하게 다루었다. 많은 문헌에서 고증하여 시원과 유래까지 밝혀 놓았다.

**『동국세시기』** 5월조의 기록에 의하면 정말로 해마다 태종의 사망일인 5월 10일(음력)에 비가 내렸다고 한다. 따라서 사람들은 이 비를 태종우(太宗雨)라 불렀다.

농경을 기반으로 하는 조선시대 때 가뭄은 최악의 재해였다. 그런데 태종은 특히 가뭄에 대해 민감하게 대응한 군주였다. 가뭄이 심하게 들면 태종은 하루에 한 번만 식사를 하고 금주령을 내려 대궐 안의 술그릇을 모두 치우게 했다.

더불어 모든 방법을 동원한 갖가지 기우제를 올렸다. 당시 기우제의 대표

◀ 대한제국 때 고종 황제가 축조한 소공동의 원구단 전경.

적인 형식으로는 원단 기우제가 있었다. 고려시대 때 중국의 영향을 받아 시작된 원단 기우제는 제단을 쌓고 하늘에 제사를 지내는 기우제였다.

그러나 조선은 고려와 달리 원단 기우제를 마음대로 지낼 형편이 아니었다. 그것은 조선이 명나라의 제후국을 자처했기 때문이다. 제단을 쌓고 하늘에 고하는 행위는 중국의 천자만이 할 수 있던 터라 원단 기우제 자체가 제후국으로서의 예에 어긋났다. 그럼에도 불구하고 태종은 재위 기간 동안 여덟 차례의 원단 기우제를 행하는 집념을 보였다.

## 비를 염원한 왕, 태종

고려로부터 전승된 또 다른 기우제로는 소격전의 초제가 있었다. 소격전이란 하늘과 땅, 별에 지내는 도교의 초제를 맡아보던 관아를 말한다. 세조 때 소격서로 바뀌었다가 선조 이후 완전히 폐지되었다.

가뭄이 극심했던 1402년(태종 2) 7월 2일 『태종실록』을 보면 종묘, 사직, 명산(名山), 대천(大川)과 소격전에 대신을 나누어 보내 기우제를 지내게 했다고 기록되어 있다. 또 사평부에 무녀들을, 명통사에 맹인들을, 연복사에 승려들을 모아 놓고 비를 빌게 했다. 평상시 천대를 받았던 맹인과 무당은

◀ 나라에 일이 있거나 가뭄 때 기우제를 지냈던 사직단.

물론 조선시대 들어서 배척했던 승려들까지도 기우제에 모두 동원되었던 것이다.

이에 대해 태종은 "나는 학문의 이치를 조금 알므로 승려나 무당의 탄망함도 안다. 비록 비의 혜택을 얻는다 하더라도 결코 승려와 무당의 힘은 아니다. 다만 비를 걱정하는 생각이 이르지 않는 바가 없기 때문이다."라고 해명하고 있다.

그뿐만이 아니다. 1407년(태종 7) 6월 21일에는 석척기우제(蜥蜴祈雨祭)라는 기묘한 행사를 치루기도 했다. 순금사 대호군 김겸(金謙)이 소동파의 시에서 아이디어를 얻어 태종에게 제안한 석척기우제는 말 그대로 도마뱀을 이용한 기우제를 말했다.

김겸은 '옹기 가운데 도마뱀이 참으로 우습다'는 소동파의 시를 읽다가 그 주석에 비를 비는 법이 실려 있어서 따라해 본 결과 진짜로 비를 얻었다고 주장했다. 이에 태종은 김겸을 불러 대궐의 광연루 아래 뜰에서 시험해 볼 것을 명했다.

석척기우제를 지내는 법은 도마뱀을 잡아다 물을 가득 담은 옹기 두 개 안에다 넣은 다음 향을 피우고 푸른 옷을 입은 남자 아이 20명에게 버들가지를 들린 후 "도마뱀아! 도마뱀아! 구름을 일으키고 안개를 토하며 비를 주룩주룩 오게 하면 너를 놓아 보내겠다."고 빌게 하는 것이었다.

많은 동물 가운데 왜 하필이면 도마뱀으로 기우제를 올린 것일까. 그것은 도마뱀이 용과 비슷한 모습을 하고 있기 때문이었다. 용은 물속에서 살다가 하늘로 올라가 구름과 비를 만들어 내는 상상 속의 동물이다. 따라서 우리 민족은 예로부터 흙으로 빚은 토룡이나 그림으로 그린 화룡 등으로 기우제를 올리는 풍속을 갖고 있었다.

한편 1414년(태종 14) 6월 6일에는 세자인 양녕대군이 태종에게 가뭄에 대한 조치로 궁녀들을 세 그룹으로 나누어 입시시키자고 건의하는 모습을 볼 수 있다.

"이제 가뭄이 심하니 이것이 궁녀들의 원한의 소치인가 합니다. 원컨대 궁녀로 하여금 윤번으로 입시하게 하여 남녀의 정을 다하게 하면 거의 화기(和氣)에 이르러서 가뭄의 재해를 그치게 할 수 있을 것입니다."

평소 세자를 탐탁지 않게 여겼던 태종도 이 제안을 즉시 받아들였다. 양녕대군의 말이 당시의 음양사상에 비추어 볼 때 꽤 일리가 있었기 때문이다.

음양사상의 관점에서 볼 때 가뭄은 양기가 극히 강한 때이다. 따라서 가뭄이 심하게 들면 도성에서 인정과 파루의 시각을 알릴 때 북 대신 종을 치게 했다. 북은 만드는 가죽은 양에 속하고 종을 만드는 구리나 쇠는 음에 속하므로 양기를 내는 소리를 피하고자 하는 조치였다.

▲ 도마뱀은 용과 모습이 비슷하여 종종 기우제에 이용되었다.

이런 관점에서 보면 가뭄이 혹시 여인의 원망 때문일지도 모른다는 양녕대군의 말이 태종에게 그럴싸하게 들렸을 것이다. 덕분에 그 후로 궁녀들은 가뭄 때마다 가끔씩 뜻하지 않은 휴가를 즐길 수 있었다.

## 비와 피

『조선왕조실록』에서 '가뭄'을 검색하면 중종 때가 475회로 가장 많고 성종 때가 455회로 그 뒤를 잇는다. 세종 때는 323회 등장하고 태종 때는 162회 등장한다. 재위 기간을 감안해도 다른 왕들에 비해 태종 때에만 유독 가뭄이 극심했던 편은 아닌 셈이다.

그럼에도 태종은 왜 그렇게 가뭄에 민감했던 것일까. 그에 대한 이유는 태종이 스스로 밝히고 있다. 1416년(태종 16) 여름에 또 가뭄이 들자 태종은 육조와 대간에 아래와 같이 하교했다.

"가뭄의 연고를 깊이 생각해 보니 까닭은 다름이 아니라 무인(戊寅)·경진(庚辰)·임오(壬午)의 사건이 부자 형제의 도리에 어긋났기 때문이다."

여기서 태종이 언급한 무인, 경진, 임오는 자신의 집권 과정에서 피비린내 나는 살육전이 일어난 연도를 가리킨다. 무인년(1398) 8월 25일 정안대군 신분이던 태종 이방원은 반대파 세력인 정도전, 남은, 심효생을 살해하고 이복동생인 세자 방석과 방번 형제를 제거하는 제1차 왕자의 난을 일으켰다. 그로 인해 태조 이성계는 정종에게 왕위를 넘겨주고 물러났다.

정종의 재위기간 중인 경진년(1400) 정월, 바로 위의 형인 방간이 제2차 왕자의 난을 일으키자 방원은 개성 한복판에서 치열한 시가전을 벌인 끝에 반란군을 제압했다. 이 사건 이후 방원은 세자로 책봉되고 곧 이어 왕위에 올랐다.

임오년(1402) 사건은 제1차 왕자의 난 때 제거된 방석과 방번 형제의 친모였던 신덕왕후 강씨의 척족들이 태조 이성계의 복위를 도모했던 '조사의의 난'을 가리킨다. 태종은 정예군 4만 명을 동원해 조사의의 군대를 제압

했지만 반란을 뒤에서 부추긴 이가 다름 아닌 아버지 태조였다는 사실을 알고 큰 충격을 받는다.

이처럼 이복동생, 친형, 아버지와의 세 차례에 걸친 피비린내 나는 살육전은 강골로만 보이는 태종에게도 큰 아픔이었다. 때문에 가뭄이 들 때마다 그 원인이 자신의 그 같은 패륜에 있다고 자책하곤 했다.

다음 날인 1416년 5월 20일 태종은 편전에서 그에 대한 자신의 심정을 더욱 솔직하게 드러냈다.

"내가 부덕한 사람으로서 하늘의 꺼림과 노여움을 만나서 가뭄의 재이가 자주 꾸짖음을 보여 주니 밤낮으로 걱정하고 두려워하여 구제할 바를 알지 못하겠다. 하루라도 스스로 편안할 적이 없고 하룻밤이라도 편안하게 잠잘 적이 없는 것을 그 누가 알겠는가?"

그 말을 하며 "임금이 큰 소리로 슬프게 우니 눈물과 콧물이 턱 사이에 범벅되어 능히 말을 하지 못하였다."고 기록되어 있다.

사실 태종우의 유래가 된, 글 앞머리의 세종에게 남긴 태종의 유언은 그 어느 기록에도 나와 있지 않다. 『동국세시기』는 태종이 죽은 지 400년 후에 발간된 책으로, 그 당시 야사로 떠돌던 말을 기록한 것에 불과하다.

그럼 태종우라는 어휘는 어떻게 해서 탄생한 것일까. 아마도 가뭄 때마다 태종이 흘린 이 같은 후회의 눈물이 모여서 만들어 낸 전설이 아닐까 싶다.

## 과학으로 들여다본 기우제

태종은 기우제를 지낸 후 비가 오면 참여한 무당이나 승려들에게 모시, 베, 쌀 등을 하사하곤 했다. 실제로 비가 오지 않다가 기우제를 지낸 후 비가 내렸다는 기록을 『조선왕조실록』의 여러 군데서 찾아볼 수 있다.

이에 대해 기우제가 과학적으로도 어느 정도 효과가 있다는 지적이 있다. 우선 기우제를 지낼 정도라면 비가 아주 오랫동안 내리지 않았다는 이야기다. 그것은 곧 머지않아 비가 올 가능성이 크다는 사실을 의미한다.

또 하나는 기우제를 올리면서 하는 행위에 그 비밀이 숨어 있다. 기우제를 올리는 방법은 매우 다양한데 그중에서 주목할 것은 동물이나 곡식 등의 제물을 태우는 행위이다. 동네 사람들이 모두 산으로 올라가 며칠 동안 제물을 태우는데 그때 발생하는 시커먼 연기가 실제로 비를 내리게 요인이 될 수 있기 때문이다.

하늘에 떠 있는 구름 속에는 아주 작은 물방울과 얼음알갱이인 빙정들이 섞여 있다. 그 입자가 얼마나 작은가 하면 지름이 평균 20마이크로미터(1마이크로미터 = 100만분의 1미터)에 불과하다.

그런데 땅 위로 내리는 빗방울이 되려면 적어도 2,000마이크로미터(0.2센티미터) 이상으로 커져야 한다. 즉 구름 입자가 최소 100배 이상에서 수천 배까지 성장해야 비나 눈이 될 수 있다는 의미다.

그런데 습도가 아무리 높아도 순수한 수증기 입자들만 모여서는 비나 눈이 되기 매우 어렵다. 조그만 입자들을 서로 뭉치게 하는 중심 물질이 없기 때문이다. 하지만 실제 구름에는 순수한 수증기만 있는 게 아니다.

바닷물에서 나온 소금 입자나 식물의 포자, 연기 등 여러 종류의 작은 먼지도 함께 섞여 있다. 이것들이 구름에서 비나 눈을 내리게 하는 구름씨 역할을 하는데 빗방울을 형성하는 것을 응결핵, 작은 얼음덩어리를 형성하는 것을 빙정핵이라 부른다.

기우제 때 발생하는 연기나 먼지는 바로 이 같은 응결핵의 역할을 할 수 있으므로 강수 확률을 한층 높인다. 이는 요즘의 인공강우 기술과도 똑같은 원리이다.

최초의 인공강우 실험은 1946년 11월 미국 뉴욕 근처의 한 비행장에서 빈센트 쉐퍼 박사에 의해 시도되었다. 그는 드라이아이스를 가득 실은 경비

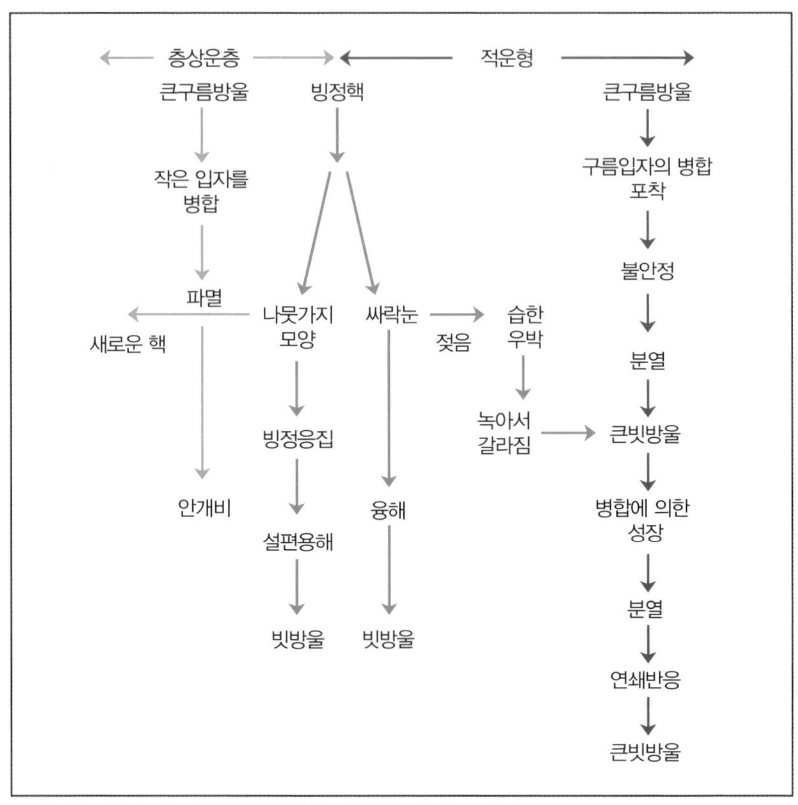

▲ 비를 형성시킬 수 있는 적당한 구름이 있어야 인공강우 기술이 가능하다.

행기를 이륙시켜 4,000미터 높이의 구름층에 뿌리게 했다. 그러자 5분 후 실제로 눈이 내리기 시작했다.

그 후 요오드화은이 인공강우 물질로 적당하다는 것이 밝혀져 현재 드라이아이스와 함께 가장 널리 이용되고 있다. 인공강우의 원리는 기우제와 마찬가지로 드라이아이스와 요오드화은이 구름에서 핵 역할을 하여 비를 내리게 하는 것이다. 이렇게 볼 때 제물을 태우던 기우제는 일종의 원시적인 인공강우 기술이었다고도 할 수 있다.

최근에 시도된 인공강우 중에서 가장 화제가 되었던 것은 2007년 중국 랴오닝성의 사례이다. 그해 랴오닝성은 60년 만에 찾아온 최악의 가뭄으로 봄부터 비가 한 방울도 내리지 않았다. 논밭이 거북 등처럼 갈라진 것은 물론이고 식수조차 얻기 힘들 정도였다.

그런데 그해 6월 27일 드디어 하늘에서 비가 쏟아지기 시작했다. 그 비는 바로 중국 정부에서 시도한 인공강우였다. 이때 내린 비의 양은 총 8억 톤이나 되었는데 인공 강우 사상 최대 규모로 알려져 있다.

한편 소련에서는 인공강우 기술을 이용해 흐린 날을 화창하게 바꾼 일도 있었다. 2005년 5월 제2차 세계대전 승전 60주년을 앞둔 소련은 모스크바 붉은 광장에서의 군사 퍼레이드 때 세계 60여 개국의 정상들과 수많은 국제 귀빈들이 참석하게 되어 있었다.

그런데 행사 당일 구름이 짙게 끼어 있자 러시아 공군은 그날 새벽부터 비행기 11대를 동원해 모스크바 상공 3,000~8,000미터에 걸쳐 있는 구름을 모두 제거해 세계를 놀라게 했다.

하지만 현재의 인공강우 기술로도 맑은 하늘에서 갑자기 비를 내리게 할 수는 없다. 드라이아이스와 요오드화은이 핵으로 작용할 수 있는 구름이 있어야만 인공강우가 가능하다. 또 구름 중에서도 수증기를 듬뿍 함유하고 있고 비를 형성시킬 수 있는 적당한 조건의 구름이어야만 한다.

앞으로 전자기장을 이용해 구름이 없어도 비를 내리게 하는 기술이 개발된다고 하지만 언제 그 기술이 실용화될 수 있을지는 아무도 모른다.

그런데 이미 옛날에 기우제를 올릴 때마다 100퍼센트 비를 내리게 하는 능력을 지닌 사람들이 있었다. 아메리카 인디언들의 주술사였던 '레인 메이커(rain maker)'가 바로 그들이다.

◀ 100퍼센트 확률로 비를 내리게 했다는 인디언 기우제.
ⓒTom Phillips

인디언의 레인 메이커가 열 번이면 열 번 모두 비를 내리게 한 방법은 아주 간단했다. 한번 기우제를 시작하면 비가 올 때까지 멈추지 않는 것이다. 한 달이건 1년이건 비가 올 때까지 계속 기우제를 지냈으니 확률이 100퍼센트가 될 수밖에 없었다.

조선시대에도 이처럼 특출한 능력을 지닌 레인 메이커가 있었다. 바로 가뭄에 가장 민감했던 태종 때의 문가학(文可學)이란 이였다. 1402년(태종 2) 7월 9일 문가학은 예문관 직제학 정이오(鄭以吾)의 추천으로 태종 앞에 불려갔다.

승려와 무당, 맹인까지 동원해 기우제를 올려도 비가 오지 않아 답답해하던 태종 앞에서 문가학은 사흘 내에 비를 내리게 하겠다고 호언장담했다. 그러나 기한이 되어도 비가 오지 않자 태종은 문가학에게 다시 한 번 빌어 보라고 부탁했다.

문가학은 역마를 타고 급히 불려오느라 자신의 정성이 부족했던 것 같다며 송림사에서 다시 비를 빌었다. 그리고 다음 날 태종에게 가서 "오늘 해시(亥時: 밤 9시에서 11시 사이)에 비가 내리기 시작하여 내일에는 큰 비가 내릴 것입니다."라고 말했다. 정말 그의 예언대로 해시가 되자 비가 내렸고 그다음 날에도 비가 내렸다.

그 후 문가학은 1403년부터 1405년까지 매년 가뭄이 들 때마다 기우제를 지내게 되었다. 1406년 11월에도 문가학은 대궐로 불려왔다. 하지만 그때는 비를 내리게 하는 도술가가 아니라 요언을 퍼뜨려서 모반을 꾀한 죄인의 신분으로 끌려왔다.

문가학은 "이제 불법은 쇠잔하고 천문이 여러 번 변하였소. 나는 귀신을 부릴 수 있고 천병(天兵)과 신병(神兵)도 부리기 어렵지 아니하오. 만일 인병(人兵)을 얻는다면 큰일을 거사할 수 있소."라는 말로 몇몇 전직 관리들을 꼬드겨 난을 일으키려다 발각된 것이다.

이에 태종은 "내 문가학을 미친놈이라 여긴다. 천병과 신병을 제가 부를 수 있다 하니 미친놈의 말이 아니겠는가."라며 어이없어 한다. 결국 국문 끝에 문가학은 동조자 5명과 함께 수레에 의해 몸이 두 갈래로 찢어져 죽는 환형에 처해졌고 그의 젖먹이 아들도 교수형을 받았다. 기우제에 대한 태종의 집착이 낳은 어처구니없는 모반 사건이었던 셈이다.

아버지의 영향을 받은 탓인지 세종도 가뭄에 대해 아주 민감했다. 가뭄이 들 경우 자신의 생일잔치를 금하는가 하면, 손수 길가의 풀뿌리를 캐며 가뭄의 정도를 가늠하기도 했다. 또 태종과 마찬가지로 가뭄이 들 때마다 온갖 방법을 동원한 기우제를 올렸다.

▲ 기상대에 보관되어 있는 금영측우기.

그런데 세종은 기우제에만 매달리기보다는 가뭄에 잘 대비하기 위한 방편을 찾았다. 그 방편이란 가뭄의 정도를 보다 잘 파악하는 것이었다. 이렇게 해서 나온 것이 바로 세계 최초의 측우기와 과학적인 하천 수위계인 수표의 탄생이었다.

1441년(세종 23) 8월 호조에서는 비의 양을 정확히 측정할 수 있는 측우기와 하천 빗물의 수위를 측정할 수 있는 수표의 설치를 세종에게 건의했다. 이에 따라 1442년 5월 높이 약 32센티미터 지름 약 15센티미터의 측우기가 서운관에 설치되었다.

그것은 1635년 발명된 유럽 최초의 우량계인 카스텔리(Castelli)보다 무려 198년이나 앞서는 세계 최초의 정량적 우량계였다. 또 청계천 마전교(훗날 수표교로 불림)에는 측정 단위가 2밀리미터 정도인 매우 정교한 수표가 설치되었다.

측우기와 수표라는 세종의 과학적 업적을 탄생시킨 일등공신은 바로 가뭄 때마다 흘린 태종의 후회어린 눈물이었던 셈이다.

17
# 중국 사신도 깜짝 놀란 조선의 화약 기술

영화감독 장이머우[張藝謀]가 연출하여 세계인의 눈길을 사로잡았던 베이징올림픽 개막식의 주제는 '중국의 4대 발명품'이었다. 중국의 4대 발명품은 종이, 인쇄, 나침반 그리고 화약이다. '종이'를 상징하는 초대형 두루마리가 스타디움에 펼쳐지고 거기서 상형문자로 된 수많은 활자가 솟아오르며 '인쇄'를 알리는 퍼포먼스가 펼쳐졌다.

또 명나라 정화 장군이 개척한 바다 실크로드를 '나침반'과 함께 군무로 표현해 낸 장면은 중국적인 아름다움으로 극대화시켰다고 칭송받을 만했다. 그중 개막식 카운트다운이 끝나자마자 천둥 같은 소리로 29개 지역에서 차례대로 베이징의 밤하늘을 수놓은 폭죽은 중국이 가장 내세우는 '화약'의 저력을 잘 보여 주었다.

## 중국보다 뛰어났던 조선의 화약

중국의 4대 발명품 중 화약은 예로부터 국방력과 직결되는 물품으로 매우 중요하게 여겼다. 그런데 화약에 관해 잘 알려지지 않은 사실이 있다. 중국에서 화약을 도입했던 조선의 화약 제조기술 역시 수준급이었다는 사실이다. 조선의 화약 기술은 중국 사신도 깜짝 놀랄 정도였으며 세종 때는 오히려 중국보다 낫다고 자부할 만한 경지에 이르렀다.

임진왜란 때 병력의 열세에도 불구하고 일방적인 승리를 거둔 진주대첩, 행주대첩, 한산도대첩의 '3대 대첩' 역시 강력한 화약 무기가 있었기에 가능했다. 김시민 장군이 지휘하는 3,800명의 조선군과 2만 명의 왜군이 맞선 진주대첩은 수천 개의 대나무 사다리를 만들어 성을 공격하던 왜군에 대해 성문을 굳게 닫고 마른 갈대에 화약을 싸서 던진 끝에 거둔 승리였다.

2,300명의 군사로 왜군 3만여 명을 9차례에 걸쳐 격퇴한 행주대첩 역시 아낙네들의 행주치마보다는 "뛰어난 화차가 있었기에 승전보를 남길 수 있었다."고 권율 장군이 스스로 밝힌 바 있다.

한산도대첩을 비롯한 이순신 장군의 활약도 막강한 대형 화약 무기를 보유하고 있었기에 가능했다. 조총 같은 개인 화약 무기의 성능은 왜군이 앞섰지만 해전용으로 활용할 수 있는 대형 대포의 성능은 조선 수군이 훨씬

◀ 임진왜란 3대 대첩의 승리는 강력한 화약 무기가 있었기에 가능했다

앞서 있었다. 따라서 일본 군선들은 조선의 판옥선과 거북선 근처에 감히 접근도 해 보지도 못한 채 격침당하기 일쑤였다.

화약의 시초는 중국의 연단술로부터 파생된 것으로 추정한다. 연단술이란 불로장생을 위해 단약(丹藥)을 조제하여 복용하던 고대 중국의 신선 도술이다. 과학과는 거리가 먼 신비 사상이기는 했지만 서양의 연금술처럼 화학과 약학의 발전에 기여한 공로 또한 적지 않았다.

연단술 관련 서적 중 화약의 재료가 정확히 기재되어 있는 서적은 한무제 때 지어진 『회남자(淮南子)』다. 이 책을 보면 "초석, 황, 탄(炭)을 섞어 만든 진흙에서 금이 생성되었다."는 내용이 나온다. 여기에서 언급한 초석, 황, 목탄이 바로 흑색 화약의 성분과 일치한다.

초석, 황, 목탄은 예로부터 병을 치료하는 약재로 사용되었다. 따라서 화약은 알고 보면 '불이 붙는 약'이라는 의미를 지니고 있으며 이는 화약의 기원과 관련이 매우 깊다.

이후 후한의 순제 때 화약의 성능을 잘 보여 주는 사건이 벌어졌다. 단약을 만드는 어떤 방사의 집에 두자춘이 방문했는데 마침 방사가 외출 중이었다. 두자춘은 방사를 기다리며 단약로 옆에서 졸았는데 갑자기 로에서 큰 불이 일어나 화염이 지붕까지 닿으며 집이 타버렸다고 한다. 이 일화는 『태평광기』라는 설화집에 실려 전해지고 있다.

이 일화로 미루어 보아 초석, 황, 목탄에 대한 연소 성능은 이미 일찍부터 알려져 있었던 것으로 여겨진다. 하지만 폭발을 일으키는 정확한 배합 비율은 알지 못했다. 그러다 당나라 때부터 점차 폭발성을 갖는 배합 비율의 조성에 관심을 갖게 되고 당나라 말기인 9세기 무렵부터 흑색 화약을 군사적으로 응용하기 시작한 것으로 추정된다.

## 조선에 화약 무기가 등장하다

중국으로부터 화약이 우리나라에 처음 전래된 시기는 고려 말기 무렵이었다. 당시 고려는 왜구들의 노략질로 골치를 앓고 있었다. 최무선 장군은 왜구를 격퇴하는 데 화약만큼 좋은 것이 없다고 생각하여 중국에서 오는 상인이 있으면 무조건 불러들여 화약 만드는 법을 물었다.

마침 이원이라는 중국 강남의 상인이 화약 제조법을 대강 안다고 하여 최무선은 그를 자기 집에 데려다 음식을 주고 수십 일 동안 극진히 대접하여 요령을 알아냈다.

화약의 재료 중 목탄과 황은 쉽게 구할 수 있는 물품이었다. 그러나 초산(질산칼륨: 염초라고도 함)은 여러 화학공정을 거쳐야 만들 수 있으므로 당시의 기술로는 제조가 매우 어려웠다. 때문에 화약의 제조 시 가장 어려운 것이 염초를 만드는 기술이었고 최무선이 이원으로부터 배운 기술도 염초 제조법이었다.

각고의 노력 끝에 염초의 제조 비법을 터득한 최무선은 조정에서 자신이 만든 화약으로 수차례 시험을 보이며 의견을 올려 1377년 화약 및 화기의 제조를 담당하는 화통도감이 설치되도록 했다. 그로부터 3년 후 왜구들이 탄 300여 척의 배가 전라도 진포에 침입했을 때 최무선은 자신이 만든 화포로 그 배를 모두 불태우는 전과를 올렸다.

최무선은 자신만의 화약 제조비법을 적은 책 『화약수련법』을 저술하여 아들인 최해산에게 물려주었다. 하지만 아쉽게도 『화약수련법』은 그 뒤로 전해지지 않아 최무선이 염초를 제작한 비법은 자세히 알 수 없다.

염초는 높은 온도에서 열분해하면서 산소를 발생시켜, 황과 목탄이 계속해서 산화할 수 있도록 만든다. 따라서 염초, 황, 목탄의 구성비가 75 : 15 : 10 정도 되어야 화약은 빠른 속도로 불꽃과 연기를 내면서 연소, 폭발하게 된다.

현재 소시지나 햄 등 식육가공품의 색을 보존하는 식품첨가물로 많이

사용되는 질산칼륨(염초)은 염화칼륨과 질산나트륨을 반응시키거나 탄산칼륨, 수산화칼륨을 질산에 녹여 만들기도 한다.

그러나 화학 지식이 모자랐던 당시에는 자연적으로 질소화합물이 포함된 흙을 찾아내 분뇨 속의 질산암모늄과 재의 탄산칼슘을 반응시켜 질산칼륨을 만들어 내야 했다. 때문에 염초의 제조는 원료가 되는 흙의 조달이 가장 중요했다. 부엌 아궁이나 흙으로 만든 담벼락, 화장실 주변의 흙이 재료로써 적합했는데 그중에서도 집의 마루 밑 흙이 최고였다.

조선시대 들어서 화기의 규격화와 더불어 독자적인 화기 기술을 선보이기 시작한 세종은 화약과 화약무기 개발에 일대 전기를 마련한 임금이다. 따라서 세종은 염초의 확보에 특히 열을 올렸는데 그로 인해 백성들이 피해를 입는 경우도 많았던 모양이다.

1418년 12월 10일자의 『세종실록』을 보면 그에 대해 다음과 같이 적혀 있다.

"박은이 아뢰기를 '염초(焰硝)를 만들기 위하여 흙을 취하는 자가 평민을 침요(侵擾)하니 이를 정지하기를 청합니다.' 하니, 임금이 말하기를 '만약 부득이하다면 다만 원관(院館)에서만 취하고 백성을 소란하게 하지 말라.' 하였다."

여기서 흙을 취하는 자란 염초약장을 말한다. 염초약장이 염초 제조에 필요한 흙을 채취하기 위해 민가에 들어가 마루 밑을 파헤쳐 백성들을 혼란스럽게 한다는 말을 듣고 세종은 원관, 즉 관아 및 정부 건물에서만 흙을 채취하라는 명을 내리고 있다.

## 양반 앞에서 행패를 부린 염초약장

1448년(세종 30) 2월 성균관에서 공부하던 생원 김유손이 임금에게 상소문을 올렸다. 그 내용을 간추리면 다음과 같다.

"이틀 전에 염초약장이 흙을 판다고 핑계하고 문묘에 들어와 눈을 부라리고 팔뚝을 걷고서 관노를 구타하므로 신 등이 대의로써 몇 번이나 타일러도 들으려 하지 않고 서리의 머리채를 움켜잡고 섬돌 위에 걸터앉아 여러 생도들을 거만스럽게 꾸짖으니, 그 방자하고 독살스러움을 가히 말할 수 없는 것이오라 신 등이 깊이 유감스럽습니다. 어찌 장인의 천한 신분으로 감히 함부로 그런 행동을 할 수 있습니까. 엎드려 바라옵건대 전하께서 법대로 엄히 다스리소서."

염초를 만드는 장인인 염초약장이 염초토를 채취하기 위해 성균관에 들어가 행패를 부린 사실을 낱낱이 고하는 상소문이다. 민가에 폐를 끼치지 않기 위해 관아 및 정부 건물에서만 염초토를 채취하라는 명을 내린 이후 나타난 또 다른 부작용 사례에 해당한다.

이로 미루어 볼 때 일개 장인이 양반 앞에서 행패를 부릴 만큼 당시 염초토 채취는 중대한 국가 사안이었음을 짐작할 수 있다.

◀ 정조가 화성행궁을 행차할 때 행해졌던 불꽃놀이를 그린 그림.

염초토를 채취하던 장인의 위세는 뇌물을 받아 챙기는 부패행위로까지 이어지기도 했던 모양이다. 1450년(문종 즉위) 10월 10일 『문종실록』의 기록을 보면 문경현감 조추가 염토약장의 부정부패 사례에 대해 상소문을 올린 내용이 있다.

그에 의하면 장인이 뇌물을 받은 지역에서는 염초토가 있어도 없다고 하며 조금만 채취하고 뇌물을 주지 않는 곳에서는 염초토가 없어도 있다고 하면서 잡토까지 파내 주민들을 피곤하게 한다는 것이다.

이런 부작용은 있었지만 조정의 염초 확보에 대한 집념으로 조선의 화약기술은 비약적인 발전을 거듭한 것으로 보인다. 외국에서 온 사신들의 반응을 보면 조선의 화약기술 수준이 어떠했는지 짐작할 수 있다.

1399년(정종 1)에는 일본국의 사신들에게 군기감에서 불꽃놀이를 구경시켜 주었다. 그러자 사신이 놀라서 말하기를 "이것은 인력으로 하는 것이 아니고 천신이 시켜서 그런 것이다."며 입을 다물지 못했다.

화약의 종주국으로 자부하는 중국 사신들도 예외는 아니었다. 1419년(세종 1) 1월 21일 상왕으로 물러나 있던 태종이 중국에서 온 유천과 황엄이라는 사신을 수강궁으로 초청했다. 그러나 유천은 "만약 상왕께서 나를 보시려면 나의 처소로 오시는 것이 좋겠다."고 말한다.

이에 태종은 중국 사신들의 처소인 태평관에 나가 위로연을 베풀었다. 그 자리에서 중국 사신들은 화포를 보여 달라고 요구했는데 마침 태종과 함께 불꽃놀이를 구경한 사신들의 반응이 매우 흥미롭다.

"유천은 재미있게 보다가 놀라서 들어갔다 다시 나오기를 두 번이나 했고 황엄은 놀라지 않는 체하나 낯빛이 약간 흔들렸다."고 실록은 기록하고 있다. 불꽃놀이가 끝난 후 태종이 사신에게 안장을 갖춘 말을 선사하자 황엄은 받았지만 유천은 끝내 받지 않았다.

그로부터 12년 후 조선은 중국 사신에게 불꽃놀이를 아예 보여 주지 않을 만큼 중국보다 강력한 화약을 갖고 있다고 자부했다. 1431년(세종 13) 중국 사신이 오자 조정은 이번에도 불꽃놀이를 보여 줄 것인가 말 것인가를 놓고 토론을 벌였다. 그때 허조가 앞에 나가 다음과 같이 아뢰었다.

"화약이 한정이 있는데 한 번의 불꽃놀이에 허비되는 것이 매우 많습니다. 더구나 본국의 불을 쏘는 것의 맹렬함이 중국보다도 나으니 사신에게 이를 보여서는 안 됩니다. 저들이 비록 청하여도 마땅히 이를 보이지 마십시오."

화약기술의 유출에 대한 이 같은 우려는 특히 노략질을 일삼던 일본에 대해서 두드러지게 표출되곤 했다. 1426년(세종 8) 병조에서 올라온 보고에 의하면 "강원도에서 바치는 염초는 영동 연해의 각 고을에서 구워 만드는 것이므로 사람마다 그 기술을 전해 배웠는데 만약 간사한 백성이나 주인을 배반한 종들이 울릉도나 대마도 등지로 도망가서 화약 만드는 비술을 왜인들에게 가르치지나 않을지 염려된다."는 내용이 있다.

이에 대해 세종은 그때 이후로 연해의 각 수령들로 하여금 화약을 구워 만들지 못하게 했다.

성종 때에는 화약기술의 유출에 대한 우려로 염초약장을 일본으로 가지 못하게 막기도 했다. 일본통신사가 본국으로 돌아갈 때 성종이 화약을 합성할 줄 아는 염초약장을 데려가게 하자, 강희맹이 나서서 염초약장이 일본에 가서 화약 제조술을 혹시 누설할지도 모르니 보내지 말 것을 간청한다. 그러자 성종은 총통군 중에서 화약을 모르는 자를 대신해 보내라고 명했다.

그때까지만 해도 일본인들은 중국에서 얻은 화약을 속이 갑자기 아플

때 먹는 약으로 여길 만큼 화약에 대해 무지한 상태였던 것으로 추정된다. 그럼에도 불구하고 결국 조선의 화약 제조 기술은 중종 말기 무렵 일본에 흘러들어 가고 말았다.

조총으로 무장한 왜군들이 대거 침략해 온 임진왜란 때에는 이에 맞서기 위해 더 많은 양의 화약이 필요했다. 그러나 화약의 주재료인 염초토의 채취가 한정되어 있었으므로 화약의 증산은 그리 쉽지 않았다.

그러자 "중국에서 바닷물을 졸여서 염초를 만든다."는 말을 들은 선조가 그 비법을 배워 오는 자에게 큰 포상을 내린다는 어명을 내렸다. 그 당시 전쟁으로 인해 국가의 재정이 고갈되었고 무역을 하기도 어려워 염초를 구하기가 더욱 어려운 상황이었다.

때문에 선조는 매번 바닷물을 달여서 염초 만드는 법을 배워 올 것을 격려했는데 1595년(선조 28) 5월 마침내 낭보가 날아들었다. 서천에 사는 임몽이라는 자가 여러 가지 꾀를 내 시험하다가 성공했다는 소식이었다.

훈련도감에서 즉시 관리를 보내 사실 여부를 확인했는데 임몽은 5일 만에 바다흙으로 염초 1근을 만들어 보였다. 임몽이 다른 염초장과 더불어 염초를 계속 만들어 내자 1개월 후 선조는 **군보**였던 임몽에게 문관 6품의 벼슬을 내렸다.

그 후에도 조선의 화약 제조 기술은 발전을 거듭해 나갔다. 1638년(인조 13)에 이서가 저술한 『신전자취염초방』과 1698년(숙종 24)에 역관 김지남이 저술한 **『신전자초방』**이 그 뚜렷한 증거들이다.

**군보 [軍保]**

조선시대의 군역부과 단위. 현역으로 복무하는 대신 농작을 하거나 군포를 바치며 군역 의무를 하던 사람을 말한다.

**신전자초방 [新傳煮硝方]**

1698년(숙종 24) 역관(譯官) 김지남(金指南)이 편찬하였다. 김지남이 베이징[北京]에서 배워온 자초술(煮硝術)을 남구만(南九萬)의 건의에 따라 국문 번역을 붙여 간행한 것으로, 우의정 윤시동(尹蓍東)의 건의로 1796년(정조 20)에 목판본으로 중간하였다.

병조판서였던 이서는 군관 성근의 연구를 토대로 저서에서 15개의 공정을 기술했다. 성근의 초석 제조방법은 가마솥, 마룻바닥, 담벼락, 온돌 밑의 흙을 긁어 내어 재와 오줌을 섞고 말똥을 덮어서 마르면 불로 태운 다음 다시 물을 붓고 그 용액을 가마솥에 넣어 끓이기를 세 번 거듭하여 초석을 결정시키는 것이다.

▲ 김지남이 화약 제조 기술에 대해 저술한 『신전자초방』.

역관이었던 김지남은 사신과 함께 중국을 드나들면서 목숨을 걸고 중국의 화약제조법을 연구하여 새롭고도 효율적인 방법을 완성했다. 그가 지은 『신전자초방』은 화약 제조 과정을 10개의 공정으로 나누어 자세히 설명하고 있다. 특정한 흙뿐만 아니라 길바닥의 흙을 이용할 수 있어 초석의 결정 방법이 간편해졌으며 염초, 황, 목탄의 조성비도 현재의 비율과 비슷할 만큼 새롭게 한 것이 특징이다.

그렇게 만든 화약은 땅 밑에 10년을 두어도 습기가 차지 않을 만큼 질이 좋았고 흙과 재도 예전의 3분의 1밖에 들지 않았다고 한다. 그러나 그 후 정치적인 혼란으로 인한 조정의 무관심과 계속되는 염초의 조달 곤란 등으로 더 이상 화약의 근대화에는 성공하지 못했다.

18
# 한글 창제에 숨겨진 비밀

매년 10월 9일은 한글날이다. 예전에는 법정공휴일이었지만 노는 날이 너무 많다는 이유로 1991년부터 공휴일에서 제외되었다. 그 후 기념일로만 명맥을 유지해 오던 한글날은 2006년 국경일로 지정되는 경사를 맞았지만 여전히 공휴일의 지위는 회복하지 못하고 있다.

한글날이 10월 9일이 된 것은 1940년 7월 경북 안동에서 발견된 『훈민정음해례본』 덕분이다. 이 책은 정인지를 비롯한 집현전 학사들이 새 문자인 훈민정음의 창제 과정과 원리에 대해 상세히 풀이한 문헌이다.

책의 뒷부분을 보면 정인지가 쓴 서문 끝머리에 '1446년 음력 9월 상순'

◀ 덕수궁에 있는 세종대왕 동상.

이라는 날짜가 적혀 있다. 이를 근거로 하여 양력으로 환산한 10월 9일이 훈민정음 반포 기념일로 확정된 것이다.

이처럼 한글날이 정해질 수 있었던 것은 한글이 창제과정과 시기가 정확히 알려진 문자이기 때문이다. 이런 점을 인정받아 『훈민정음해례본』은 1997년 10월 유네스코 세계기록문화유산으로 지정되었다.

그럼 한글은 과연 누가 만들었을까? 이런 질문을 하면 너무 뻔한 것을 묻는다는 원망스러운 시선을 보내올지 모르겠다. 한글은 당연히 세종대왕이 집현전 학사들과 함께 만든 것으로 알고 있으니까 말이다.

그런데 1443년 12월 세종대왕이 한글을 창제했을 때까지 집현전 학사들조차 그 사실을 모르고 있었다. 또한 한글 창제 이후 가장 심하게 반발하며 언문 제작의 부당함을 상소한 것도 바로 집현전 학사들이다.

세종의 한글 창제 두 달 후 집현전 부제학 최만리, 직제학 신석조를 비롯해 김문, 정창손, 하위지 등이 올린 상소문을 보면 그와 같은 정황이 잘 드러난다.

"만일 언문을 할 수 없어서 만드는 것이라면 이것은 풍속을 바꾸는 큰일이므로 마땅히 재상으로부터 백관에 이르기까지 함께 의논하여 의혹됨이 없는 연후에야 시행할 수 있는 것이옵니다."

상소문의 내용을 뒤집어 생각하면 한글 창제 작업 전에 재상을 비롯한 문무백관과 일절 상의하지 않았다는 말이 된다. 또한 집현전 학사 중 대표적인 인물인 성삼문과 신숙주의 경우를 살펴봐도 한글 창제와 별 연관이 없다. 성상문은 한글이 거의 창제되었을 무렵에 집현전에 들어왔고 창제 두 달 전에 들어온 신숙주는 그다음 해 일본으로 갔기 때문에 한글 창제에 관여할 시간적 여유가 거의 없었던 셈이다.

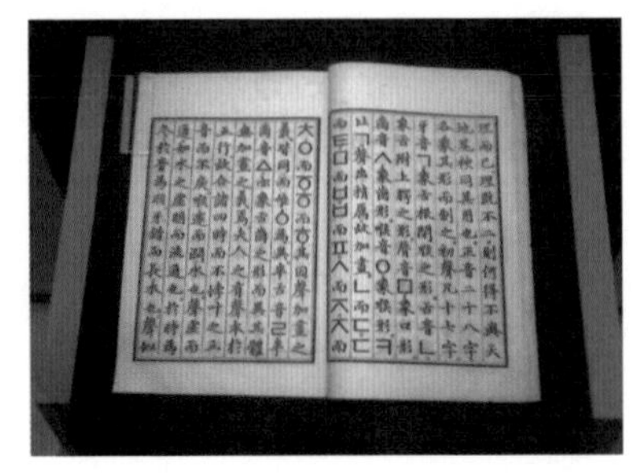

◀ 국보 제70호로 지정된 『훈민정음해례본』.

더구나 당시에는 유학자들의 모화사상(중국의 문물과 사상을 흠모하고 따르는 정신)이 깊을 때라 미리 알렸더라면 더 극심한 반대에 부딪쳤을 게 뻔했다. 이 같은 사실을 잘 알고 있었던 세종으로서는 한글 창제 작업을 극비리에 행할 수밖에 없었을 것이다.

이런 정황들로 보아 집현전 학사들이 한글 창제에 관여하지 않았다는 것이 거의 정설로 굳어지고 있다. 그렇다면 한글 창제 작업은 누가 했을까. 이에 대한 해답은 1443년 12월 30일자의 『세종실록』에 기록되어 있다.

"이달에 임금이 친히 언문 28자를 지었는데 그 글자가 옛 전자(篆字)를 모방하고 초성, 중성, 종성으로 나누어 합한 연후에야 글자를 이루었다. 무릇 문자에 관한 것과 상말에 관한 것을 모두 쓸 수 있고 글자는 비록 간단하고 요약하지마는 전환하는 것이 무궁하니 이것을 훈민정음이라고 일렀다."

즉 세종 혼자서 창제했다는 내용이다. 하지만 평소 몸이 약했던 세종이 그처럼 엄청난 작업을 혼자 해내기란 쉽지 않았을 것으로 추정된다. 더구나 한글 창제 전의 몇 년간은 세종의 건강이 매우 좋지 않던 때라 정사를 돌보는 것은 물론 가장 중요하게 여겼던 경연(經筵)조차 제대로 열기 힘든 상황이었다.

## 한글 창제의 실제 주역

그럼 집현전 학사들도 모르는 상황에서 비밀리에 누가 세종을 도와주었다는 이야기가 된다. 여기에 꼽히는 인물들이 바로 세종의 자녀들인 문종, 수양대군, 안평대군, 정의공주다.

그리고 또 한 사람이 거론되는데 그가 바로 신미대사다. 특히 신미대사의 경우 단순히 도움을 준 것이 아니라 한글 창제의 주역이라는 설도 있을 만큼 세종 및 한글과의 관계가 깊은 인물이다.

신미대사가 한글을 창제했다고 주장하는 이들이 내세우는 이유를 추적해 보면 대략 다음과 같다.

첫째는 한글이 범자(梵字: 고대 인도어인 산스크리트어의 문자)를 모방하여 만들었다는 설 때문이다. 당시만 해도 불교 경전은 범어로 기록된 것이 많았다. 승려인 신미대사는 불경을 번역한 한자에 오역이 많음을 알고는 독학하여 범어 및 티베트 어를 비롯한 5개 언어에 능통했던 것으로 알려져 있다. 따라서 범어에 대한 지식이 없었던 세종보다는 신미대사가 한글 창제를 주도했을 가능성이 높다는 것이다.

1443년 12월 30일의 『세종실록』 기록을 보면 "옛 전자를 모방했다."는 내용이 있다. 또 『훈민정음해례본』의 정인지 서문에도 "모양은 본뜨되 옛 전자를 모방했다."고 적혀 있다. 여기서 전자란 가장 오래된 한자 글씨체 중 하나를 가리킨다.

그런데 조선의 학자들이 지은 저서를 보면 한글의 기원에 관한 흥미로운 기록들을 많이 발견할 수 있다. 조선 전기 유학자인 성현은 훈민정음 반포 30년 후에 지은 『용재총화』에서 "그 글은 범자에 의해 만들어졌다."고 밝혔다.

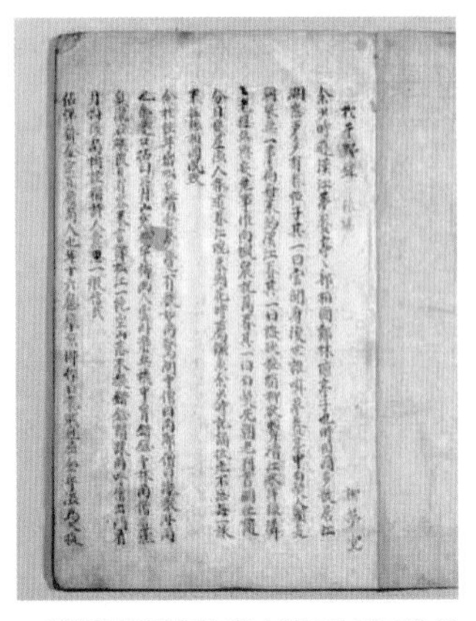

▲ 성현은 『용재총화』에서 한글이 범자에 의해 만들어졌다고 밝혔다.

조선 중기의 명신인 이수광도 자신의 저서 『지봉유설』에서 "우리나라 언서는 글자 모양이 전적으로 범자를 본떴다."고 적고 있다. 뿐만 아니라 조선 후기의 학자인 황윤석과 이능화 역시 한글은 범자에 근원한 것이라고 주장했다. 이렇게 볼 때 실록이나 정인지가 언급한 전자는 곧 범자의 한자식 표현이 아닐까 하는 추정이 가능하다.

한글과 범자의 음운 체계가 상당히 유사하다는 주장도 나온 바 있다. 오랫동안 한글과 범자의 상관관계를 연구한 한국세종한림원의 강상원 박사는 자음의 기본을 이루는 아음, 설음, 순음, 치음, 후음의 5가지 음운체계가 범자에도 그대로 있다고 주장했다.

한편 문자와 언어는 다른 것이 엄연한 사실이지만, 순우리말 중 상당수가 범어에서 비롯되었다는 주장도 눈길을 끈다. 아리랑은 범어에서 '사랑하는 임'을 뜻하는 'ari'와 '서둘러 떠나다'는 뜻의 'langh'이 합쳐져 만들어진 말이라는 것이다. 이에 의하면 아리랑은 '사랑하는 임이 서둘러 떠나다'라는 뜻이 된다.

밥 역시 '어머니의 젖'을 의미하는 범어 'vamo'에서 유래되었다고 한다. 농사에 의존해 온 우리 민족의 경우 쌀로 지은 밥이 어머니의 젖과 같은 의미를 지닐 수밖에 없다고 볼 때 일리가 있는 주장이다.

한글의 범어 모방설을 뒷받침하는 또 하나의 증거는 서울대 이승재 교수가 발표한 '훈민정음 각필부호 유래설'과 관련이 있다. 각필이란 상아나 대

나무로 뾰족하게 깎아 만든 필기구인데 옛 문헌의 글자 옆에 점과 선, 부호 등을 눌러서 표시해 발음이나 해석을 알려 주던 양식을 뜻한다.

이 교수가 고려시대의 불교 경전을 조사한 결과 훈민정음의 글자 모양과 일치하는 각필이 무려 17개나 발견되었다고 한다. 더구나 자음과 모음의 체계도 각필과 유사한 점이 많음을 볼 때 한글의 범자 모방설 및 신미대사의 한글창제 참여설과 연관시켜 생각해 볼 수 있다.

두 번째 이유는 한글 창제 후 실험적으로 만들어진 책이 모두 불교서적이라는 점이다. 『석보상절』과 『능엄경언해』는 불교경전이고 『월인천강지곡』 역시 찬불가이다. 어리석은 백성을 가엾게 생각하여 만든 문자라면 유교를 숭상하던 국가에서 『논어』와 『맹자』 같은 유교 경전을 먼저 번역해서 백성들이 읽게 해야지 왜 불경 같은 불교서적들을 먼저 번역했던 것일까.

이는 새로 만들어진 훈민정음의 체계와 표기법을 가장 잘 알고 있던 이가 불경에 매우 관심이 많았다는 증거가 된다. 따라서 그 당시 세종과 가장 가까이 지내던 신미대사가 그 주인공으로 지목된다.

실제로 세종 때부터 연산군 때까지 한글로 발간된 문헌의 65퍼센트 이상이 불교 관련 서적이며 유교 관련 서적은 5퍼센트가 채 되지 않는다.

한글 창제와 불교의 연관설은 몇 가지 숫자에도 그 비밀이 숨어 있다. 『월인천강지곡』과 『석보상절』을 합하여 편찬한 『월인석보』의 첫 머리에 실린 "나랏말ᄊᆞ미 듕귁에 달아……"로 시작하는 세종의 한글 어지는 정확히 108자이며, 그것을 한문으로 적은 한문 어지는 108의 절반인 54자로 이루어져 있다.

그런데 연구 결과 이는 우연이 아니라 고의적으로 글자를 탈락시키거나 다른 글자로 대체하는 등의 의도적인 조절에 따라 그렇게 되었다는 주장이 있다. 또 『월인석보』의 제1권은 정확히 108쪽이다. 이처럼 108을 고집한 것은 불교에서 신성한 숫자로 여기는 108을 의식했기 때문이라고 볼 수 있다.

그뿐만이 아니다. 『훈민정음해례본』은 모두 33장으로 이루어져 있으며 훈민정음은 자음과 모음의 28자로 만들어진 문자이다. 33은 불교의 우주관인 33천(天)을 상징하는 숫자이며 28은 사찰에서 아침저녁으로 종을 치는 횟수와 똑같다.

때문에 한글 창제의 숨겨진 또 하나 목적은 새 문자를 통해 불교를 보급하기 위한 것이었다는 주장도 제기되고 있다. 어쨌든 한글이 창제됨으로써 평민들도 불교의 교리를 알게 되어 불교 포교의 새 전기가 마련된 것은 틀림없는 사실인 셈이다.

신미대사의 한글 창제설을 뒷받침하는 세 번째 근거는 그가 문종으로부

◀ 신미대사가 주로 머물렀던 속리산의 복천암.

터 받은 법호이다. 문종은 즉위한 지 두 달도 안 돼 신미대사에 대한 제수(除授)를 거론했다. 선왕인 세종대왕께서 제수하고자 했으나 신미대사의 질병으로 미뤄졌으니 지금 제수하는 것이 마땅하다고 주장한 것.

그러나 **졸곡**을 지낸 후에 제수해도 늦지 않다는 신하들의 만류에 따라 그만두었다. 그로부터 석 달 후인 1450년 7월 6일 문종은 신미대사에게 '선교종도총섭 밀전정법 비지쌍운 우국이세 원융무애 혜각존자'의 26자에 이르는 긴 법호를 내렸다.

존자(尊者)는 큰 공헌이나 덕이 있는 스님에게 내리는 칭호였는데 "개국 이후 이런 승직이 없었고 듣는 사람마다 놀라지 않는 이가 없었다."고 실록은 당시 상황을 전하고 있다.

**졸곡(卒哭)**

상례(喪禮)에서 삼우(三虞)가 지난 뒤 3개월 안에 강일(剛日)에 지내는 제사. 졸곡이란 무시곡(無時哭)을 마친다는 뜻으로 그동안 수시로 한 곡을 그치고 아침저녁으로 상식할 때만 곡을 한다. 제사 절차는 축문만 다를 뿐 우제와 같다. 고례(古禮)에서는 대부(大夫)는 3개월, 사(士)는 1개월 후에 장례를 치렀으나 오늘날에는 3일, 5일 등 장례를 당겨 지내므로 우제는 초상에 맞추어 지내지만, 졸곡만은 3개월 안에 지내야 한다. 의례 간소화에 따라 100일 탈상을 하는 경우는 고례의 졸곡에 해당한다고 할 수 있다.

그런데 법호 중 '우국이세(祐國利世)'라는 말에 특히 주목할 필요가 있다. 우국이세란 '나라를 위하고 백성을 이롭게 했다'는 뜻이다. 억불숭유 정책을 취한 조선에서 신미대사의 법호에 그런 말을 붙인 이유는 무엇일까.

그것은 곧 세종대왕이 내세운 훈민정음의 창제 목적과 같은 말이다. 따라서 문종이 우국이세를 굳이 법호에 포함시킨 것은 신미대사가 한글 창제에 큰 공헌을 했기 때문이라는 해석이 가능하다.

신미대사에게 법호가 내려진 후 잇따른 신하들의 상소와 그에 대한 문종의 반응 또한 흥미롭다. 하위지, 홍일동, 신숙주, 이승손 등은 신미의 칭호가 부당하다며 적극 반대했고 집현전 직제학이던 박팽년은 강경한 태도를 보이다 불경한 문구를 사용하여 파직을 당하기까지 했다.

그래도 이에 대한 신하들의 직언이 끊이질 않자 문종은 결국 20일 만에 신미의 칭호를 '대조계 선교종 도총섭 밀전정법 승양조도 체용일여 비지쌍운 도생이물 원융무애 혜각종사'로 고쳤다.

존자에서 종사(宗師)로 바꾸고 '우국이세'란 말은 아예 빼버린 것이다. 대신 그 자리에 '중생을 제도하고 일을 잘 되게 한다'는 뜻의 '도생이물(度生利物)'이란 문구를 넣었다.

이밖에도 신미대사가 한글 창제의 주역이라고 주장하는 이들이 내세우는 근거는 많다. 신미대사의 가문인 영산 김씨 족보를 보면 '수성이집현원학사득총어세종(守省以集賢院學士得寵於世宗)'이란 문구가 나온다.

▲복천암의 동쪽에 건립되어 있는 신미대사의 '복천암수암화상부도'. 보물 제1416호.

여기서 수성은 신미대사의 속명인데, 풀이하자면 신미대사는 집현원 학사를 지냈고 세종의 총애를 받았다는 뜻이다. 실제로 신미대사는 세종대왕에게서 많은 총애를 받았다. 신미대사가 있던 속리산 복천

암에 세종은 불상을 조성해 주고 시주를 했다. 또 승하하기 불과 20일 전에 세종은 신미대사를 침실로 불러서 법사를 베풀게 하고 예를 갖추어 그를 대우했다고 실록에 기록되어 있다.

한편 세조가 간경도감을 설치하고 불경을 번역, 간행했을 때 신미대사는 이를 주관하는 역할을 맡기도 했다. 『석보상절』의 편집을 실질적으로 이끌었으며 그밖에도 많은 불교 서적을 한글로 직접 번역했다. 따라서 신미대사라는 인물이 만약 없었다면 오늘날까지 전해지는 상당수의 한글 문헌이 존재하지 않았을 거라는 주장도 있다.

그럼 왜 세종은 신미대사의 한글 창제 참여를 단 한 번도 밝히지 않았을까. 또 실록이나 그 당시 전하는 어떤 기록에도 신미대사와의 한글 창제 관련 문구가 하나도 보이지 않는 것일까.

이에 대해서는 다음과 같이 해석하고 있다. 한글 창제를 반대하던 당시의 정치적 상황에서 승려까지 관여했다고 발표하면 유생들의 반발이 더욱 거셌을 것은 불을 보듯 뻔하다. 때문에 세종은 유학자들의 반발을 잠재우고 그들이 신미대사를 공격하지 못하도록 하기 위한 배려 차원에서 신미대사의 한글 창제 관여를 비밀에 부쳤다는 이야기다.

그리고 한글을 창제한 후 이론적 체계 확립과 훈민정음의 보급 사업을 슬쩍 집현전에 맡겼는데 이 역시 반발을 누그러뜨리기 위한 고도의 전략으로 볼 수 있다.

실제로 그 당시 『조선왕조실록』에서 신미대사에 관한 기록을 찾아보면 매우 이상한 점이 발견된다. 실록에서 신미대사의 이름이 처음으로 등장하는 것은 훈민정음 반포 직전인 1446년(세종 28) 5월 27일이다. 그에 의하면 세종은 "우리 화상(신미대사를 지칭함)은 비록 묘당(의정부)에 처하더라도 무

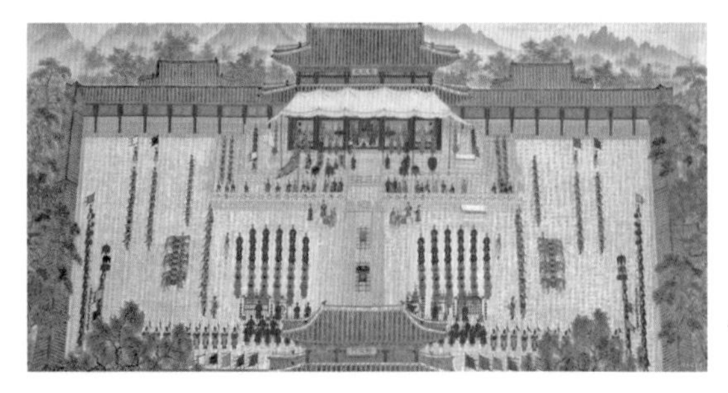

◀ 혜촌 김학수의 〈훈민정음 반포도〉. 훈민정음 반포 장면을 그렸다.

슨 부족한 점이 있는가."라며 그를 칭찬하고 있다.

그런데 신미대사의 호칭 앞에는 '간승(奸僧)' 내지 '요망한 중'이라는 글귀가 항상 따라다닌다는 사실을 발견할 수 있다. 신미대사의 친동생인 김수온이 벼슬을 제수받을 때도 형인 신미대사가 요사한 말로 임금의 마음을 사로잡았기 때문이라는 투로 기록하고 있다.

이처럼 승려(혹은 신미대사)에 대한 인식이 좋지 않던 분위기에서 그의 운신 폭은 그리 넓지 않았을 것이다. 신미대사가 직접 번역한 불교 경전의 초판본에는 법호가 명시돼 있지만 재판본에는 빠져 있는 걸로 볼 때 세종 사후에 유생들이 조직적으로 신미대사와 관련된 문구를 모두 삭제한 것이라는 주장도 나오고 있다.

하지만 신미대사의 한글 창제 참여설은 아직까지 학계에서 전혀 인정받지 못하고 있어서 일설에 불과할 뿐이다.

우선 승려의 참여 증거로 꼽히는 범자모방설의 경우 한글의 수많은 문자 모방설 가운데 하나일 따름이다. 산스크리트 문자인 범자 외에도 티베트 문자 모방설, 일본의 신대문자 모방설, 단군 조선의 가림토문자 기원설 등의 주장이 난무하고 있다.

또 세계적인 제국을 건설한 원나라가 점령국들의 언어를 통일하여 표기

할 수 있게 만든 파스파 문자가 고려를 통해 한반도에 들어와 훈민정음의 창제에 영향을 주었다는 시각도 있다.

한편 중국 송나라 때의 학자 정초가 지은 『육서략』에서 논리적으로 문자를 만드는 과정이 서술된 부분을 참고하면 한글의 기본 자음자를 모두 만들 수 있다는 주장도 있다.

그중에서 가장 설득력을 얻고 있는 것은 발음기관의 모양을 본떴다는 '발음기관 상형설'과 모음은 천지인(天地人)의 모양을 본뜨고 자음은 음양오행설을 이용해 만들어졌다는 설이다.

## 훈민정음과 불교

훈민정음 창제 후 불교 서적의 간행이 집중적으로 이루어졌다는 사실도 말년에 불교로 귀의한 세종의 행적과 연관 지어 생각할 수 있다. 세종은 훈민정음 반포 전인 1444년 다섯째 아들인 광평대군을 잃고 이듬해에는 일곱째 아들인 평원대군을, 그리고 그다음 해에는 부인인 소헌왕후를 차례로 잃었다.

그로 인한 슬픔을 이기는 과정에서 불당의 법회를 베푸는 등 자연스레 불교에 빠져들었고 한글 창제 후 불경의 간행을 우선적으로 진행했을 수 있다. 또한 세종의 아들인 세조도 호불왕(好佛王)으로 불릴 만큼 과감하게 불교중흥정책을 펼쳤다. 한글로 된 불교 서적의 간행이 압도적으로 많았던 것은 이런 왕실의 분위기와 한글을 업신여기는 유학자들의 인식에서 비롯되었다고 해석할 수 있다.

신미대사가 집현전 학사였다는 영산 김씨의 족보 역시 정식 사료로는 인정받지 못하는 한 가문의 족보라는 점이 문제다. 족보에는 언제나 과장되거나 아전인수식의 표현이 많이 등장하기 마련이기 때문이다.

이런 모든 점을 감안할 때 임금이 친히 언문 28자를 지었다는 『세종실록』의 기록이 현재로서는 가장 믿을 만한 정보다. 한글의 창제 원리가 이론적으로 한 점의 흐트러짐 없이 처음부터 끝까지 일목요연함을 유지하고 있다는 점도 세종대왕 혼자서 만들었다는 증거로 볼 수 있다.

# 19
# 한여름의 얼음 사치와 빙고청상

여행과 사냥을 취미로 삼고 있던 미국 농무부의 생물표본 수집 담당직원 **클래런스 버즈아이**(Clarence Birdseye)는 1923년 알래스카로 출장을 갔다. 그런데 그는 거기서 자신의 인생을 뒤바꿔 놓을 만한 놀라운 광경을 목격했다.

에스키모들이 예전에 먹다가 남겨 놓은 생선이 수십 일이 지났는데도 신선도를 유지하고 있었기 때문이다. 더구나 생선은 막 잡아 올린 것처럼 싱싱해 두 달 전의 것이라는 대답이 믿겨지지 않을 정도였다.

생선은 알래스카의 강추위에서 꽁꽁 얼어붙어 있었으니 신선도를 유지한 것은 당연한 일이다. 그러나 버즈아이의 생각은 달랐다. 그는 출장을 마치고 돌아온 후 아이스크림 공장 한구석을 빌려 연구실을 차렸다. 자금은 달랑 7달러뿐이었고 장비라곤 선풍기 한 대, 소금물, 얼음조각이 전부였지만 그는 개의치 않고 연구에

▲ 냉동법을 발명하여 돈방석에 오른 클래런스 버즈아이.

매달렸다.

1925년 버즈아이는 마침내 급속 냉동기계를 발명해 냈다. 처음엔 아무도 알아주지 않았지만 그는 특허출원을 마치고 성능이 더 좋은 자동 냉동기계도 발명했다. 그리고 1929년 대공황이 찾아오기 직전 식품저장에 고심하던 제너럴푸즈 사에서 드디어 버즈아이의 특허권을 샀다.

그 금액은 당시로서는 세계 최고인 2,200만 달러나 되었다. 그 후 버즈아이는 그 돈으로 연구비 걱정 없이 풍요로운 삶을 누렸고 1956년 일흔 살로 사망할 때까지 250여 건의 특허를 남겼다. 버즈아이로부터 식품냉동법 특허를 사들인 제너럴푸즈 사 역시 세계적인 기업으로 성장해 오늘에 이르고 있다.

냉동식품의 아버지로 일컬어지는 버즈아이의 냉동법 발명은 지금까지도 우연한 관찰을 적절히 응용한 우수 발명사례로 거론되고 있을 정도다. 그런데 추운 지역에서 살고 있는 에스키모들뿐만 아니라 조선시대에도 이미 식품의 냉동 유통이 이루어지고 있었다.

**클래런스 버즈아이**

미국인 생물학자 클래런스 버즈아이는 북극해 연안에서 잡아 올린 물고기가 추운 기후 때문에 수 초 안에 냉동되는 것을 보고 아이디어를 얻어 급속냉동 기계를 발명했다. 급속냉동된 음식은 해동되었을 때에 그 신선함과 영양이 냉동 전 상태와 크게 다르지 않았다. 그는 그해 제너럴 씨푸드 사를 설립하고 냉동해산물 판매를 시작했다. 1927년부터는 냉동식품에 소고기, 돼지고기, 과일, 야채 등을 추가했다. 1929년에 포스툼사(Postum Company)가 제너럴 씨푸드를 인수하여 제너럴 푸즈 사(General Foods Corporation)로 이름을 바꾸고 '버즈아이' 상표를 등록했다. 클래런스는 그의 냉동기술에 관련된 모든 특허권을 회사에 넘기고 연구개발부서의 책임자로 남았다.

## 안동 은어를 냉동한 채로 한양까지 진상

향긋한 수박향이 나는 은어 중에서도 특히 낙동강 칠백 리 물길을 거슬러 올라와 안동에서 잡히는 것은 담백한 맛이 일품이다. 때문에 안동 은어는 임금의 수라상에 오르는 진상품으로도 유명했다.

그런데 문제가 하나 있었다. 은어는 7월 초 산란 전의 것을 최고로 쳐 준다. 그 무더운 여름에 잡은 은어를 서울까지 운송하기엔 무리가 있었다. 그러나 은어는 여름마다 어김없이 임금에게 진상되었다. 뿐만 아니라 한양의 권세가들에게까지 진상되어 뇌물로서의 위력을 발휘하기도 했다.

한여름의 은어 운송 비결은 바로 조빙궤(造氷櫃)라는 특수 궤짝에 있었다. 은어처럼 말리지 않고 생으로 먹어야 맛이 나는 식품은 얼음으로 속을 채워서 만든 조빙궤에 담아 한양으로 보내졌다. 안동 은어뿐만 아니라 각 지방의 내로라하는 진상품들은 여름철에 모두 이같이 얼음을 꽉꽉 채운 조빙궤에 담겨져 신선한 상태로 한양에 도착했다.

도대체 조선시대의 한여름에 얼음을 어디서 구할 수 있었던 걸까? 답은 간단하다. 한겨울에 강에서 꽁꽁 얼어붙은 얼음을 잘라내 얼음을 넣어두는 창고인 빙고에 보관했다가 다음 해 여름에 꺼내 쓰는 것이다.

얼음을 저장해 두고 사용한 우리나라 빙고의 역사는 삼국시대로까지 거슬러 올라간다. 『삼국유사』에 의하면 신라 3대 노례왕(24~57) 때 얼음을 저장하는 창고를 만들었다는 기록이 있으며 『삼국사기』에도 신라 22대 지증왕 6년(505)에 왕이 얼음을 보관토록 명령했다는 내용이 적혀 있다.

조선시대에는 서울에 두 종류의 빙고를 두었는데 창덕궁 안에 있던 내빙고와 사대문 밖의 외빙고가 그것이다. 궁궐 전용의 얼음 창고인 내빙고에는 약 3만여 정의 얼음이 저장되었다.

외빙고는 서빙고와 동빙고, 두 개가 있었다. 서빙고는 1396년(태조 5) 둔지산 아래(지금의 용산구 서빙고동)에 지어졌다. 동빙고는 한강 하류 두모포

(지금의 옥수동 한강변)에 위치했는데 현재의 용산구 동빙고동은 다만 서빙고동의 동쪽에 있다 해서 붙여진 지명일 뿐 동빙고와는 아무런 관련이 없다.

서빙고에 보관한 얼음 양은 13만여 정쯤 되고 동빙고에는 1만여 정쯤 저장한 것으로 되어 있다. 즉 서빙고가 동빙고보다 13배나 많은 양의 얼음을 저장한 셈인데 실제로 동빙고의 창고는 1동이었던 것에 비해 서빙고는 8동이나 되었다.

양이 적은 동빙고의 얼음은 오직 왕실의 제사를 지낼 때에만 사용했고 서빙고에 보관한 얼음은 종친이나 당상관 이상의 고급 관리들에게 나누어 주었다. 이처럼 얼음을 나누어 주는 것을 '반빙(頒氷)' 또는 '사빙(賜氷)'이라 했으며, 임금이 내린 나무로 된 빙표(氷票)를 빙고에 가져가 얼음을 받았다.

## 죄수들에게도 얼음을 나눠 주다

그런데 『조선왕조실록』에 의하면 한여름에 빙고의 얼음을 먹을 수 있었던 이는 고관대작뿐만 아니라 놀랍게도 죄수들에게까지 그 혜택이 돌아간 것을 알 수 있다. 1494년(성종 25) 5월 29일자의 『성종실록』을 보면 날씨가 매우 덥고 옥중에 갇힌 자가 많다는 이야기를 들은 임금이 내관과 사관 등을 보내 의금부와 전옥을 조사하게 했다고 되어 있다.

조사를 마친 관리들이 의금부와 전옥에 얼음과 약 등이 없어 죄수들이 고생한다고 아뢰자 성종이 의금부에 연유를 물어보니 5월에는 얼음을 받지 못하게 되어 있다고 대답한다. 이에 성종은 5월 15일 이후부터는 날씨를 관찰하여 얼음을 받도록 하라는 전교를 내린다.

◀ 한강에서의 얼음 채취 재현 장면. 조선시대 얼음 채취는 음기가 가장 강한 12월에 이루어졌다.

『경국대전』의 '예전 반빙조'에 의하면 빙고에 보관된 얼음은 해마다 여름철 끝 달(음력 6월)에 여러 관사, 종친, 당상관, 일흔 살 이상의 퇴직 당상관에게 나누어주게끔 명시되어 있다. 즉 아무리 날씨가 덥다 해도 음력 6월 이전과 입추 이후에는 얼음을 받을 수 없었다.

이는 조선시대의 얼음 용도가 요즘처럼 실용적인 측면만을 위한 것이 아니라 자연과의 조화를 꾀하는 음양오행설을 고려했기 때문이다. 중국의 『시경』을 보면 빙고를 능음(凌陰)이라 했는데 이는 '음을 저장하는 곳'이라는 의미다.

즉 음기가 가장 강한 12월에 얼음을 채취하여 저장하는 것은 한겨울의 동장군을 지하에 잡아 가둔다는 의미를 지닌다. 또 양기가 가장 강한 한여름에 얼음을 나누어 주는 것은 음의 얼음으로 극에 이른 양기를 억제하여 자연의 조화를 회복시킨다는 것을 상징한다. 그러므로 아무리 더워도 음력 6월 이외에는 빙고에 가득 찬 얼음을 함부로 반빙하지 않았던 것이다.

하지만 동빙고는 예외였다. 왕실의 제사에 공급되는 동빙고의 얼음은 음력 3월 1일부터 된서리가 내리기 시작하는 상강까지 사용할 수 있었다. 조상을 섬기는 유교국가 조선에서 그만큼 왕실의 제사 음식에 각별한 신경을 썼다는 의미인 셈이다. 그러나 이에 대해 시비를 걸고 나선 용감한 사대부가 있었다.

1546년(명종 1) 8월 2일자의 『명종실록』에 의하면 예조참판을 지낸 김광준이 그에 대한 폐해를 임금에게 아뢰었다. 이야기인즉슨, 자신이 태조 이성계의 비인 신의왕후 한씨를 모신 문소전을 관리할 때 보니 신위 앞의 구리 쟁반에 얼음을 담아 놓는 소위 '조빙(照氷)'으로 인해 얼음이 녹아 흘러서 자리가 흥건해지고 진흙이 질척거려 사당이 쉽게 더러워진다는 것이다.

따라서 김광준은 겨울에는 추위를 막는 준비가 별로 없으면서 여름에만 그렇게 하는 것은 허례허식에 불과할 뿐더러 빙고 작업으로 백성에게 끼치는 폐가 적지 않으므로 조빙에 대해 다시 한 번 생각해 달라는 취지의 말을 아뢴다. 이에 대해 명종은 대신과 의논해 보라며 심드렁하게 대한다.

섣달 한겨울에 얼음을 채취하는 것을 벌빙(伐氷)이라 했는데, 빙고에 저장하는 얼음은 두께가 12센티미터 이상 되어야만 했다. 벌빙시에는 보통 가로 70~80센티미터, 세로 1미터, 높이 60센티미터 정도의 크기로 얼음을 잘라 빙고로 보냈다.

그런데 벌빙은 매우 고된 노동이었다. 엄동설한에 강가에서 며칠이고 유숙하면서 얼음이 두껍게 얼기를 기다려야 했으므로 동상을 입는 빙부들이 허다했고 심하게는 얼어 죽는 이들도 있었다.

때문에 겨울만 되면 한강변에 사는 백성들 중 벌빙 부역을 피해 도망가는 이들도 많았다고 한다. '빙고청상(氷庫靑孀)'이란 말의 유래는 바로 여기에서 비롯되었다. 즉 벌빙 부역을 피해 남편이 도망감으로써 뜻하지 않게 생과부가 된다는 의미였다.

따라서 한겨울만 되면 한강 주변의 민가에는 갑자기 빙고청상들이 생겨났고 매서운 강바람을 타고 한겨울밤 생과부들의 한숨소리가 스산하게 울

◀ 경주 석빙고. 특성상 목빙고는 부식되어 없어졌고 조선 시대 석빙고만 한반도에 7개가 남아 있다.

려 퍼지곤 했다.

이로 인해 세종 때는 사간원에서 벌빙 부역에 동원되는 백성들의 고통을 덜어 달라는 상소문을 올리기도 했다. 또 중종 때는 빙고 근방에 사는 백성들이 벌빙 부역을 꺼려서 다른 부역으로 옮기는 경우가 많아 그에 대한 단속 지침을 내렸던 적도 있었다.

벌빙 부역으로 인한 백성의 고통을 가장 아프게 받아들였던 임금은 정조였다. 그는 벌빙에 동원되는 노동력, 배, 말 등에 대해 모두 대가를 지불하도록 했으며 관아에서 사용하는 얼음의 양을 줄이라는 명을 내렸다. 또한 정조는 재위 13년 무렵 내빙고를 아예 없애 버렸다.

한편 합리주의적인 과학관을 지닌 조선의 실학자 정약용은 이에 대한 나름대로의 대안을 내 놓기도 했다. 즉 벌빙 부역에 동원되는 백성들의 고통을 덜어 주고자 얼음을 자르고 실어 나르는 불편이 없도록 궁궐 안에 직접 얼음을 얼리는 방법을 고안한 것이다.

곡산부에 관리로 나가 있을 때 정약용은 응달진 곳에 큰 움을 파서 사방은 돌로 쌓고 그 틈에다 회를 바른 다음 제일 추운 시기에 샘물을 길러다 그 안에 쏟아 넣게 했다. 물이 꽁꽁 얼면 외풍이 들지 못하게 보관했는데 다음 해 여름에 열어 보니 그때까지 얼음이 돌같이 단단해 도끼로 깨뜨

려 사용할 수 있었다고 한다.

정약용은 이 방법을 자신의 저서 『경세유표』에 상세하게 적어 놓았는데 그의 실용과학 정신은 다름 아닌 백성과 함께하고 있다는 사실을 알 수 있게 해 주는 대목이다.

## 빙낭을 껴안고 더위 식힌 세도가들

이에 비해 조선시대 상류층들은 한여름에 얼음으로 각종 사치를 누렸다. 삼복더위에 빙고에서 찾아온 얼음으로 봉황새나 상서로운 짐승을 조각한 후 비단 매듭으로 치장하고는 상에 올려놓고 시원함을 즐기며 식사를 하곤 했다.

또 얼음으로 여자 형상을 조각한 뒤 비단옷을 입힌 '빙낭'이라는 물건도 있었다. 세도가들은 외출에서 돌아온 후 빙낭을 껴안고 땀을 식혔다. 이밖에도 얼음을 병풍처럼 둘러치는 빙병이 있었는가 하면 얼음으로 방을 차게 하는 호화 냉방도 있었다. 얼음을 갈아서 화채나 꿀물에 넣어 먹기도 했는데 이를 진주음(珍珠飮)이라고 불렀다.

얼음 사치를 누린 대표적인 임금은 연산군이었다. 1504년(연산군 10) 6월 25일자의 기록에 의하면 연산군은 대비의 생일을 맞아 잔치를 베푸는 자리에서 사면에 구리놋으로 만든 큰 얼음 쟁반을 설치하고는 승지들이 따서 얼음 쟁반에 받쳐 주는 포도를 맛있게 먹었다고 되어 있다.

이 때문에 올곧았던 선비들은 빙고의 얼음을 백성의 눈물이라는 의미에서 '누빙(淚氷)'이라 부르며 한여름에 얼음 받기를 거부하기도 했다. 그러나 빙표가 있어도 빈궁한 집안 형편으로 인해 얼음을 가져오지 못하는 관리들도 있었다. 가난해서 하인이 없는 관리들은 양반 체면에 직접 빙고로 가서 얼음을 가져올 수 없었으므로 아까운 빙표를 그냥 집에다 묵힐 수밖에 없었다.

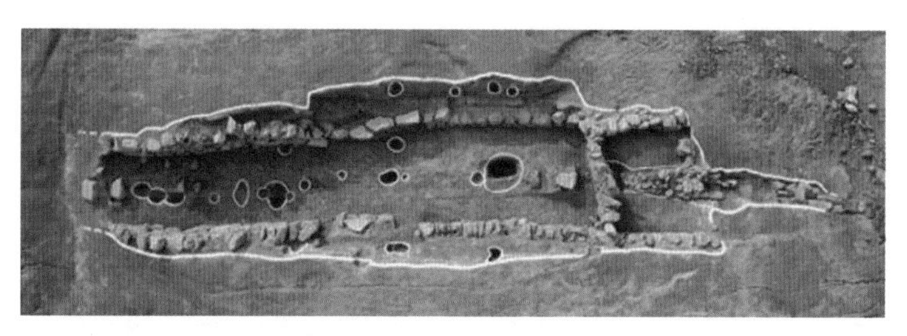

▲ 2005년 홍성에서 국내 최초로 발굴된 목빙고 유적.

이 같은 사정을 눈치챈 약삭빠른 상인들은 가난한 관리들이 묵혀 둔 빙표를 사서 얼음을 받아다 시장에서 비싸게 팔았다. 그로 인해 당상관이 아닐지라도 돈만 많으면 한여름에 얼음을 구할 수 있게 되었다.

이렇게 일반인들도 얼음을 이용하면서 점차 얼음의 수요가 늘어나자 개인 소유의 사설 빙고까지 생겨나기에 이르렀다. 18세기 영·정조 시대 이후에는 어선의 생선보관용 얼음을 공급하던 사설 빙고가 상업 활동이 활발했던 한강변에만 30여 개소가 설치되었다.

이 중 한 곳이 지난 1994년 발견되었다. 서울 마포구 현석동의 한 지하실에서 발견된 이 사설 빙고는 영·정조 시대의 석빙고였던 것으로 추정된다.

현재 우리나라에는 경북 경주, 안동, 청도, 현풍, 경남의 창녕과 영산, 북한의 황해도 해주 등지에 빙고가 남아 있다. 이는 모두 조선시대에 만들어진 석빙고로, 신라나 고려 때 만든 빙고는 지금 남아 있지 않다.

사실 조선시대 빙고는 서울에 있던 내·외빙고를 비롯해 거의가 나무로 만든 목빙고였다. 그런데 목빙고는 특성상 쉽게 부식되므로 현재는 석빙고만 남아 있는 상태다.

그런데 지난 2005년 3월경 충남 홍성읍 오관리 세광아파트 부지에서 국내 최초로 목빙고 유적이 발견되었다. 그곳은 옛날부터 '빙고재'라는 이름으로 불려오고 있었는데 정말로 목빙고 유적이 발견됨으로써 그 유래가 밝혀진 셈이다.

진상품 보관을 위해 17세기 전반에 축조된 것으로 추정되는 이 목빙고는 바닥의 길이가 23.8미터, 너비 5.5미터로서 윗면에서 바닥까지 가장 깊은 곳이 1.5미터로 추정되는 반지하 구조이다. 더불어 기와처럼 구워서 만든 원통형 관의 배수시설과 짚, 갈대, 왕겨 등이 축적된 유기물 층도 발견되었다.

## 석빙고의 과학적 구조

옛날 빙고에 얼음을 저장할 때는 얼음끼리 서로 붙지 않도록 이 같은 왕겨나 솔잎 등을 1~2센티미터 정도 넣은 다음 얼음을 층층이 쌓았다. 그럼 빙고가 한여름까지 더워지지 않고 얼음을 그대로 저장할 수 있는 원리는 과연 무엇일까.

현재 완벽하게 남아 있는 석빙고의 구조를 살펴보면 그 해답을 알 수 있다. 첫 번째 장치는 더운 공기를 가두는 에어포켓이다. 빙고의 천장을 살펴보면 같은 크기의 돌을 아치로 쌓아올려 무지개 모양으로 잇대어 완성한 아치 구조로 되어 있다.

보통 석빙고의 천장은 1~2미터의 간격을 두고 4~5개의 아치형으로 만들어졌는데 그 아치형 천장 사이사이마다 움푹 들어간 빈 공간이 있다. 그것이 바로 석빙고 내부의 더운 공기를 가두는 에어포켓인 셈이다.

날씨가 따뜻해짐에 따라 석빙고 내부에는 조금씩 더운 공기가 생기고 여름에 얼음을 꺼내기 위해 문을 열면 밖에서 더운 공기가 들어온다. 이와 같은 더운 공기는 기체의 대류 현상에 의해 위로 뜨게 되는데, 위로 뜨는 순간 에어포켓에 꼼짝없이 갇혀 버린다. 그런 다음 위쪽의 환기 구멍을 통해

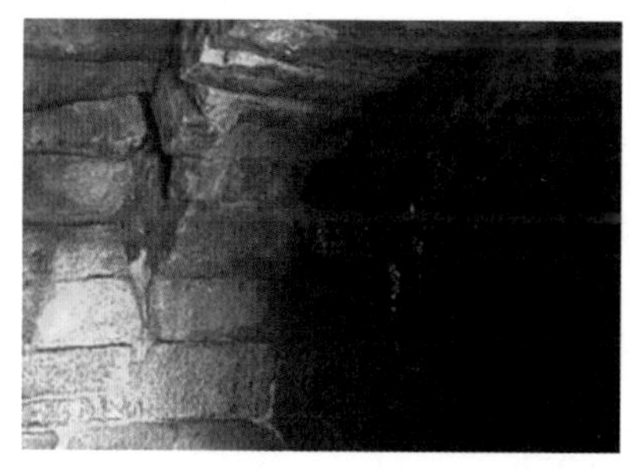

◀ 석빙고의 아치형 천장 사이마다 빈 공간이 있어 더운 공기를 가두었다.

더운 공기는 빠져나가게끔 설계되어 있다.

더운 공기를 밖으로 빼내는 환기구는 보통 30×30센티미터 크기로 2~3개씩 설치되어 있는데 뚜껑돌을 얹어 빗물이나 직사광선이 들어가지 못하게끔 만들어졌다.

얼음이 조금씩 녹는 것에 대비한 배수시설도 완벽하다. 빙고의 바닥은 경사지게 만들어져 얼음이 녹아서 생긴 물이 저절로 흘러내리도록 되어 있으며 홍성 목빙고에서 발굴된 원통형 관처럼 내부의 물과 습기를 빨리 빼낼 수 있는 배수구가 설치되어 있다.

또 빙고 외부의 봉토에는 잔디를 심어 태양 복사열로 인한 열 손실을 막고 외곽으로는 담장을 설치하여 외기를 차단했다. 봉토를 조성할 때 진흙과 회를 섞어서 건축함으로써 방수에도 단단히 신경을 썼다.

얼음 사이사이뿐만 아니라 벽과 천장 사이에도 볏짚, 왕겨, 갈대 등을 채워 넣었다. 특히 볏짚의 경우 현대 건축에서 단열재로 사용하고 있는 스티로폼처럼 내부에 비어 있는 공간이 많아 열을 차단하는 효과가 높다.

충남대학교 장동순 교수팀의 실험에 의하면 빙고에 얼음을 약 50퍼센트 넣은 다음 짚을 채워 넣었을 경우 3개월 후 약 0.04퍼센트, 6개월 후 약 0.4퍼센트의 얼음 양이 감소한 것으로 나타났다. 이에 비해 짚을 채워 넣지 않은 경우에는 3개월 후 약 6.4퍼센트, 6개월 후 약 38.4퍼센트의 얼음 양이 감소되었다. 짚을 넣고 넣지 않음에 따라 얼음 저장의 성공 여부가 판가름 난다는 것을 알 수 있다.

마지막으로 조선시대 빙고에는 특별한 냉각 장치가 하나 더 달려 있었다. 보통 추운 겨울철이라 해도 사방이 가로막힌 지하실은 영상 10도 이상의 따뜻한 기온을 유지하기 마련이다. 그러나 경주 석빙고의 겨울철 내부

◀아치형 공간 사이에 갇힌 더운 공기를 밖으로 빼내는 역할을 하는 환기구.

온도는 영하권을 유지한다.

그것은 석빙고 출입문 옆에 세로로 붙어 있는 날개벽의 역할 때문이다. 겨울에 부는 찬바람이 이 날개벽에 부딪히면 소용돌이로 변해 빙고 내부까지 더욱 빠르고 힘차게 밀려들어가 안을 꽁꽁 얼어붙게 만드는 것이다.

# 20
# 안경에 얽힌 정조의 고민

한때 TV 드라마로 방영되어 인기를 끌었던 〈이산(李祘)〉은 정조의 본명이다. 조선의 22대 임금이었던 정조는 뛰어난 통치력과 포용력으로 수백 년간 이어온 파당 정치를 해소한 현군이었다. 그런 정조에게도 말년에 개인적인 고민이 하나 있었다. 시국 문제로 좌의정 이병모와 차대(次對)하는 자리에서 정조는 그 고민을 슬그머니 털어놓았다.

"나는 본래 잡된 책을 보기를 좋아하지 않는다. 『삼국지』 등과 같은 책도 한 번도 들여다본 적이 없다. 평소에 내가 읽는 책은 성인과 현인들이 남기신 경전을 벗어나지 않는다. 그런데 몇 년 전부터 점점 눈이 어두워지더니 올봄 이후로는 더욱 심하여 글자의 모양을 분명하게 볼 수가 없다. 정사의 의망에 대해 낙점을 하는 것도 눈을 매우 피로하게 하는 일인데, 안경을 끼고 조정에 나가면 보는 사람들이 놀랄 것이니 6월에 있을 몸소 하는 정사도 시행하기가 어렵겠다." - 1799년(정조 23) 5월 5일자 『정조실록』

◀TV에서 방영된 드라마 〈이산〉에서 안경을 쓴 정조의 모습.

그의 고민은 다름 아닌 안경을 끼고 조정에 나가느냐 마느냐 하는 문제였다. 이 당시 정조의 나이가 마흔여덟이니 노안이 찾아온 것은 어찌 보면 당연하다. 더구나 정조는 조선의 어느 임금보다 책을 열심히 읽었다.

스물다섯 살 때 왕위에 오른 그는 **'초계문신제'**를 시행하며, 과거에 합격해 등용된 관리들에게 자신이 직접 노력을 가르치기도 했으니 평소 얼마나 피나는 노력을 했는지 짐작할 수 있다.

따라서 눈이 나빠진 것은 그동안 열심히 살아온 세월의 훈장쯤으로 치부해도 좋을 만하다. 그런데 정조는 왜 신하들 앞에 안경을 끼고 나타나는 것에 대해 그토록 예민한 반응을 보였을까.

**초계문신**

조선 후기 규장각에서 특별 교육과 연구과정을 밟던 문신. 37세 이하의 당하관 중에서 선발하여 본래의 직무를 면제하고 연구에 전념하게 하며 1개월에 2회의 구술고사와 1회의 필답고사로 성과를 평가하게 하였는데 규장각을 설립한 정조가 직접 강론에 참여하거나 직접 시험을 보며 채점하기도 했다. 교육과 연구의 내용은 유학을 중심으로 하였으나 문장 형식이나 공론에 빠지는 것을 경계하고 경전의 참뜻을 익히도록 하였으며 40세가 되면 초계문신에서 졸업시켜 연구성과를 국정에 적용하게 하였다.

당시 예법에 의하면 정조의 고민은 당연한 일이었다. 그때만 해도 안경과 관련한 예법은 매우 까다로웠다. 자신보다 나이나 지위가 높은 사람 앞에서 안경을 쓰면 안 되고 대중이 모인 자리거나 공식적인 자리에서도 안 되었다. 또한 임금일지라도 신하들과 함께 정사를 보는 자리에서는 안경을 쓰지 않는 것이 예의였다.

## 음독자살로 막 내린 조병구 사건

그런 인식이 얼마나 강했는지 잘 보여 주는 사례로 조병구의 자살 사건을 들 수 있다. 조선 제24대 왕 헌종의 외삼촌이자 이조판서를 지냈던 조병구는 고도근시여서 안경을 써야만 일상생활이 가능했다. 어느 날 안경을 쓴 채 입궐한 그는 헌종이 마주 오는 것도 모르고 그대로 안경을 쓰고 있었다.

그 앞을 지나던 헌종은 자기 앞에서도 안경을 벗지 않은 그에게 "아무리 외척의 목이라고 해서 칼날이 들지 않을까."라며 뼈 있는 말을 던졌다. 헌종의 입장에서 볼 때 자신이 어리다고 신하가 무시해 안경을 끼고 있다고 생각한 것.

그 일이 있은 후 조병구는 친여동생인 조대비(신정왕후)를 만난 자리에서 안경을 낀 채 앉아 있다가 헌종과 우연히 마주침으로써 또다시 큰 책망을 받았다. 결국 조병구는 두려움에 휩싸여 그날 밤 끝내 음독자살을 하고야 말았다.

한편 지독한 근시였던 순종도 아버지인 고종을 만날 때는 안경을 꼭 벗어야 했다. 이처럼 엄격한 예법은 외국인의 눈에서 볼 때 이해하지 못할 이상한 행동으로 비치기도 했다. 영국의 여성 탐험가 이사벨라 버드는 한국에 와서 고종과 당시 왕세자인 순종을 뵙고 함께 사진을 찍었을 때의 소감을 다음과 같이 남겼다.

"세자는 건강에 결함이 있어 보이며 강도의 근시안으로 몸을 잘 가누지 못할 지경인데도 예법상 상감 앞에서 안경을 써서 안 된다 하니 보기에 딱하기 이를 데 없었다."

이 같은 예법은 외국인이라고 해서 예외일 수 없었다. 공식적으로 조선 조정의 관리가 된 최초의 외국인인 독일 외교관 묄렌도르프는 안경 없이 잘 걸을 수도 없는 지독한 근시였다. 고종을 처음 알현한 묄렌도르프는 조선의 관복을 입고 안경을 벗은 채 주춤거리며 앞으로 나가 머리를 조아리며 큰절을 올렸다.

▲ 대한제국 당시 통리아문 참의 벼슬을 한 독일인 묄렌도르프(한국명 목인덕).

그리고 모국어로 미리 발음을 적어서 외워둔 조선의 인사말을 더듬거리며 읊조렸다. 이에 고종은 흡족하여 안경을 쓰도 좋다는 하명을 내렸다.

일반적으로 옛날 사람들은 현대 사람들보다 시력이 좋았던 것으로 추정하고 있다. 그런데도 조선시대의 임금과 대신들이 예법을 고민해 가며 착용했을 만큼 안경의 인기는 왜 그처럼 높았던 걸까. 거기에는 나름대로 과학적인 근거가 있다.

안경이 처음 발명된 서양보다는 유전적으로 동양인들의 근시 발병률이 더 높다는 통계 결과가 그것이다. 2007년 6월 호주의 대학 연구팀이 어린이 2,000여 명을 대상으로 근시 발병률을 조사한 결과 놀랍게도 서양인보다 동양인 그룹에서 근시 환자가 압도적으로 많은 것으로 나타났다.

다른 연구 결과에서도 미국이나 유럽의 경우 근시가 전체 인구의 40퍼센트 정도지만 한국, 중국, 일본 등 아시아 지역은 70퍼센트 이상이라는 통계가 제시되고 있다. 그 대신 서양인들은 근시보다 원시가 훨씬 많은 편이다.

요즘 아이들에게 근시가 많은 것은 흔히들 독서나 텔레비전 탓이라고 생

각한다. 하지만 과학적인 관점에서 보면 근시는 그런 환경적인 요인 때문에 생기지는 않는다. 근시란 시력이 정상 수준에 이르면 안구의 성장이 멈춰야 하는데도 불구하고 계속 성장해 안구가 길쭉해진 상태다. 따라서 책이나 텔레비전처럼 가까이 있는 사물을 많이 본다고 해서 눈이 그 환경에 적응해 먼 거리를 제대로 보지 못하는 것은 아니다.

## 근시는 조상 탓일까 환경 탓일까

실제로 지난 2004년에는 근시를 유발하는 변이 유전자가 발견되기도 했다. 영국의 세인트 토마스 병원 연구진은 일란성 쌍둥이와 이란성 쌍둥이

221쌍의 DNA를 조사한 결과, 근시를 가진 아이들의 경우 제11번 염색체에 있는 PAX-6 유전자에 결함이 있음을 확인했다.

그렇다고 해서 근시가 생긴 원인을 반드시 조상 탓으로 돌릴 수만도 없다. 이스라엘 연구진의 보고에 따르면 일반 공립학교의 학생들에게서는 근시가 30퍼센트 정도 증가한 반면, 경전을 읽는 것을 강조하는 종교학교의 학생들에게서는 근시가 80퍼센트 증가했다고 한다. 이는 유전적인 요인보다는 독서 시간이 증가하는 등의 생활 습관 변화로 인해 근시가 생긴다는 단적인 증거가 된다.

또 식습관 때문에 안구가 비정상적으로 길어지면서 근시가 될 확률이 커진다는 연구 보고도 있다. 미국 콜로라도 주립대학교의 코데인 박사는 빵이나 시리얼처럼 정제된 전분이 많이 함유된 식품을 과도하게 섭취하면 근시 위험이 높아진다고 발표했다.

정제된 녹말이 인슐린 수치를 높여 안구가 비정상적으로 길어지는 등 안구 발달에 좋지 않은 영향을 미친다는 것이다. 그런데 빵이나 시리얼, 백미처럼 정제된 녹말을 많이 먹게 된 선진국은 독서와 TV, 컴퓨터, 공기오염 등 시력에 나쁜 영향을 미칠 수 있는 요인들도 덩달아 증가했다는 데 문제점이 있다.

◀ 1800년대 중반 조선시대에 사용했던 안경과 안경집. 거북이 등뼈를 이용한 것은 색상이 유려하며 재질이 견고하고 십장생의 의미를 지닌다.

따라서 연구진은 비교적 문명의 손길이 덜 뻗쳤고 한 세기 전까지만 해도 근시가 거의 없던 남태평양의 섬 원주민들을 대상으로 근시 발생 현황을 조사했다. 그 결과 남태평양의 섬 중 서구식 식생활을 도입한 섬의 주민들은 현재 50퍼센트 정도가 근시인 것으로 나타났다. 이에 비해 하루 8시간씩 학교 교육을 받는 등 생활양식은 비슷하지만 음식만은 서구식 식사를 도입하지 않은 다른 섬의 주민들은 근시 발생률이 2퍼센트에 불과했다.

한편 출생월과 시력 사이에 상관관계가 있다는 연구결과도 발표되었다. 이스라엘 텔아비브 대학 연구진이 30만 명을 대상으로 근시와 출생월과의 연관성에 대해 조사한 결과 6월과 7월에 태어난 사람들이 12월과 1월에 태어난 사람에 비해 근시에 걸릴 확률이 24퍼센트 이상 높은 것으로 나타났다. 이에 대해 연구진은 출생 후 초기에 자연광에 노출되는 것 때문에 근시가 될 확률이 높은 것으로 분석했다.

이런 여러 연구 결과들은 감안할 때 근시는 유전과 환경의 영향을 동시에 받아 생기는 대표적인 질병으로 볼 수 있다. 좀 더 정확한 연구 결과에 의하면 근시는 유전적 요인이 89퍼센트, 환경적 요인이 11퍼센트라고 한다.

어쨌건 시력이 떨어지면 다른 어느 질환보다도 불편한 것은 사실이다. 오죽하면 '몸이 천냥이면 눈이 구백냥'이란 말까지 나왔을까. 하지만 나이가 들어 자연스레 생기는 노안의 경우 그렇게 비극적으로만 생각할 필요가 없다. 이제껏 책에서 얻은 지식이 아닌, 경험에서 우러난 경륜과 혜안으로 세상을 보라는 의미로 받아들이면 되기 때문이다.

그러나 정조에게는 그럴 여유가 없었다. 안경의 착용 여부에 대해 고민하던 다음 해, 그는 갑작스레 세상을 떠나고 말았다.

1800년(정조 24) 6월 28일 유시(오후 6시경)에 정조는 창경궁의 영춘헌

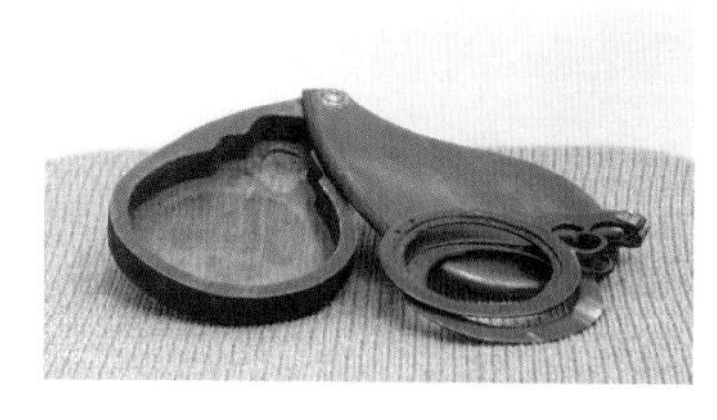

◀ 현존하는 국내 최초인 학봉 김성일의 안경.

에서 승하했다. 그날 실록에 의하면 "양주나 장단 등의 고을에서 한창 잘 자라던 벼 포기가 어느 날 갑자기 하얗게 죽어 노인들이 그것을 보고 슬퍼하며 말하기를 이것은 이른바 '상복을 입은 벼'라고 했다."는 등 정조의 죽음을 예고하는 징후가 나타나 있다.

독살설 등 정조의 죽음에 대해 논란이 많은데, 정조의 죽음에 대한 징후는 이미 시력이 급속도로 나빠진 이후인 1년 전부터 거론되고 있었다. 좌의정 이병모와 차대하는 자리에서 안경을 끼고 조정에 나가느냐 마느냐의 문제를 놓고 고민한 지 두 달 후 정조는 다시 시력과 안경에 대해 언급한 것이다.

"나의 시력이 점점 이전보다 못해져서 경전의 문자는 안경이 아니면 알아보기가 어렵지만 안경은 200년 이후 처음 있는 물건이므로 이것을 쓰고 조정에서 국사를 처결한다면 사람들이 이상하게 볼 것이다. 요즘 일기 등 문서를 상고해 볼 일이 있었는데 역시 마음대로 훑어보기가 어려웠다. 이는 예사로운 눈병이 아니어서 깊은 생각을 한다거나 복잡한 일이 있을 경우 어김없이 이상이 생겨 등골의 태양경(太陽經)과 좌우 옆구리에 횃불이 타는 듯한 열기가 있는데 이것이 눈병의 원인이 되고 있다."

1799년(정조 23) 7월 10일자 『정조실록』

이 기록을 살펴볼 때 정조는 이때부터 이미 건강에 이상 조짐이 나타나고 있었고 그것으로 인해 눈병이라 일컬을 만큼 시력이 급속도로 나빠지고 있었던 것을 알 수 있다. 또 하나 정조는 이 기록에서 우리나라에 안경이 유래한 시점을 알려 주고 있다. 200년 이후 처음 있는 물건이라고 했으니 안경이 우리나라에 들어온 것은 16세기 말 무렵이었다는 이야기가 된다.

## 유럽 최초의 안경

안경의 최초 기원에 대해서는 대체로 두 가지 설이 있다. 하나는 동양기원설로서 1250년경 몽골 지방을 여행하던 프란체스코회 수도사 윌리투브크가 몽골 사람들이 안경을 끼고 있는 것을 목격했다는 설이다. 여행을 마치고 돌아온 윌리튀브크는 동료 수도사인 베이컨에게 그 사실을 전했고 그 후 1268년 베이컨이 유럽 최초의 안경을 만들었다고 한다.

▲ 조선 중엽의 문신인 임방의 초상화. 서탁 위에 놓인 안경을 볼 수 있다.

또 하나는 13세기 말 이탈리아의 유리공들이 안경을 처음으로 발명해 보급하기 시작했다는 설이다. 그것이 실크로드를 통해 원나라 때부터 중국에 전파되었고 16세기에 이르러 널리 보급되면서 명나라에 사신으로 간 사람에 의해 조선에 전파되었을 것으로 추정한다.

여러 역사적 사실들도 16세기 말 무렵에

안경이 조선에 유래되었다는 설을 뒷받침하고 있다. 조선 중기 실학의 선구자 이수광이 지은 『지봉유설』을 보면 임진왜란 시 강화협상을 위해 조선에 온 명나라 장수 심유경과 일본 승려 현소가 작은 글씨를 볼 때마다 안경을 끼고 읽는다고 적고 있다.

또한 현존하는 우리나라 최고(最古)의 안경은 임진왜란 직전에 일본 사정을 탐지하고자 파견된 김성일의 것이다. 이 안경은 경북 안동에 거주하던 그의 14대손이 소장하고 있던 것으로서 1984년 발견되었다. 접었다 폈다 할 수 있는 형식이며 끈으로 귀에 걸게 되어 있다. 이 안경은 우리나라 안경의 역사가 최소한 임진왜란 전임을 증명하고 있다.

한편 제주도 정의현감으로 있던 이종덕은 풍랑을 만나 일본 나가사키에 도착했는데, 거기서 서양사람들이 안경을 끼고 있는 모습을 목격했다. 안경을 처음 본 그는 '마치 게눈깔이나 벌의 눈두덩 같았다'고 표현했다.

그 후 게눈깔은 좀 더 고상한 이름인 '애체(靉靆)'로 불렸다. 중국어 표기에서 따온 것으로 짐작되는 이 말은 '눈에 구름 같은 것을 끼고 희미한 것을 밝게 보여 준다'라는 의미를 지니고 있기도 하다. 안경의 또 다른 명칭으로는 '왜납(矮納)'이라는 말이 있었다. 이는 페르시아어의 애낙(Ainak)에서 유래한 것으로 추측한다.

## 착용하면 시원해지는 경주남석안경

조선 후기 언어학자 황윤석이 남긴 문집 중에는 오랜 연륜을 자랑했던 '경주남석안경'과 관련된 기록이 나온다. 즉 경주부윤 민기가 1630년경 경

주에서 만들어진 남석안경을 착용했다는 것.

경주남석안경은 경주 남산에서 생산되는 수정을 가공해 만든 것으로, 당시 경주 지역의 특산품으로 명성을 떨쳤다. 특히 이 안경을 착용하면 눈의 피로가 사라지고 더운 곳에서도 시원하며 기온 차에 의한 서리가 끼지 않는 것으로 알려져 있다. 이는 수정렌즈가 유리렌즈보다 온도에 따른 변화가 적었기 때문에 나온 말로 짐작된다.

따라서 외국인들에게까지 알려졌는데 미국인 선교사 제임스 게일이 쓴 '코리언스케치'라는 책에 그 일화가 남아 있다. 그 책에 의하면 게일은 조선의 한 양반으로부터 경주남석안경을 30냥에 구입했는데 이는 당시 환율로 6달러 정도였다.

게일은 이 안경의 원래 가격이 15달러 정도라고 밝히며 조선 가정의 두세 달치 수입을 몽땅 털어야 이 안경을 구입할 수 있다고 적고 있다. 경주남석안경은 경주 남산이 국립공원으로 지정되면서 수정 채굴이 전면 금지되고 마지막 남은 안경제작 기술 전수자가 사망하면서 현재는 맥이 완전히 끊긴 상태이다.

이처럼 비싼 안경으로 인해 웃을 수도 울 수도 없는 씁쓸한 소동이 일어난 적도 있다.

1898년 8월 일본 전 총리대신 이토가 내한하자 외부에서 축하연을 열었다. 그런데 잔치 후, 상 위에 놓아두었던 이토의 안경이 감쪽같이 사라진 것. 이토가 화를 내고 돌아가자 조정에서는 심부름을 했던 하인과 하급 관리들을 잡아들여 신문했고 수십 명이 옥에 갇히기까지 했다.

그 소문이 퍼지자 장안의 여론이 들끓었고 험악해진 분위기 탓에 일본인들에 대한 외출금지령까지 내려졌다. 열흘 후 결국 하인 한 명이 그 안경을 훔쳤다는 발표가 났고 범인은 안면도에 유배되었다. 이 사건은 후에 그 날 잔치에 기생으로 차출된 궁녀 한 명이 일본에 대한 저항으로 일으킨 것임이 밝혀졌다.

## 안경이 원인이 된 사건들

1891년에도 일본인의 안경 때문에 조선인이 유배되는 사건이 일어난 적이 있다. 새로 부임해 온 일본 오이시 공사가 고종을 알현하려 대전에 들려는 순간 당시 궁정통역관인 배정자의 남편 현영운이 그를 급히 불러 세웠다. 오이시가 안경을 쓰고 있었기 때문이다.

현영운은 임금 앞에서 안경을 벗는 것이 조선의 예절이라며 안경을 벗기를 청했지만 오이시 공사는 그 말을 듣지 않은 채 고종 앞으로 나아갔다. 이를 놓고 후에 사대부들이 들고 일어나자 조정에서는 결국 죄도 없는 현영운을 유배시키는 것으로 사건을 종결했다.

그러고 보면 조선의 안경에 대한 추억은 모두 일본과 연관된다. 현존하는 가장 오래된 안경의 주인공인 김성일은 조선통신사로 일본에 갔다온 후 왜군의 침략 정황을 전혀 엿볼 수 없었다는 어긋난 보고를 올린 장본인이다.

또 안경에 관한 우리나라 최초의 기록인 이수광의 『지봉유설』에 등장하는 안경 착용자도 일본 승려 현소와 임진왜란 강화 협상을 하기 위해 온 명나라 장수이다. 그리고 조선 말엽 오이시 공사의 무례함과 이토 전 총리대신의 안경 분실 사건.

◀ 조선 후기 풍속화가 김득신이 그린 〈밀희투전〉에도 안경을 쓴 인물이 등장한다.

시력과 건강이 급속히 악화된 정조가 그토록 안경의 착용 여부를 놓고 고민했던 것도 왠지 이를 예견한 행동이 아니었을까 하는 생각이 문득 든다.

# 21
# 백범 김구를 살린 덕진풍

1876년 어느 날, 미국 최대의 전신회사인 웨스턴유니언 사에 가디너 허버드란 남자가 방문했다. 그는 곧바로 사장인 윌리엄 오튼의 방으로 찾아가 전화기 특허권을 사라는 제안을 내놓았다.

전화기에 대한 일체 권리 및 특허권에 대한 가격은 10만 달러. 윌리엄 사장은 탐탁치 않은 표정으로 내부 검토를 거친 다음 연락을 주겠다고 말했다. 얼마 후 웨스턴유니언의 내부에서 작성된 검토서 의견은 다음과 같았다.

"전화기는 통신 수단으로 쓰기에는 결점이 너무 많다. 이 기계는 탄생한 순간부터 전혀 가치가 없는 물건이다. 그저 장난감이나 신기한 물건에 불과할 뿐이다."

당시 전신사업을 독점 운영하고 있던 웨스턴유니언 사는 하나의 전선에 여러 개의 전신기를 운영할 수 있는 다중전신기의 실용화에 관심을 쏟고 있었다. 때문에 장난감 기계 같은 전화기에는 신경조차 쓰지 않았던

▲ 전화기를 발명한 알렉산더 그레이엄 벨.

것이다.

그날 윌리엄 사장을 찾은 가디너 허버드는 바로 전화기를 발명한 알렉산더 그레이엄 벨의 장인이었다. 그는 몇 개월 전 전화기 발명에 성공한 사위를 대신해 웨스턴유니언 사를 방문한 것이었다.

이 일화는 통신산업사에서 가장 유명한 경영 오판 중 하나로, 흔히 꼽히는 사례다. 윌리엄 사장이 그날 특허권 인수 제안을 거절한 것에 대해 땅을 치며 후회하기까지에는 그리 오랜 시간이 걸리지 않았다.

특허권 인수 제안을 거절당한 그레이엄 벨은 1878년 직접 전화회사를 설립했다. 그 후 전화기를 사용하는 소비자들이 급격히 늘어나면서 전신사업은 하루아침에 사양 산업으로 전락해 버렸다.

벨 전화회사는 1885년 AT&T로 회사 이름을 바꾸어 세계 최대의 통신사업자가 된 반면 웨스턴유니언 사는 갈수록 위축돼 국제송금대행으로 겨우 명맥을 유지하고 있을 뿐이다.

## 신기한 장난감 같은 과학발명품

무엇이든 간에 패러다임 자체를 바꾸는 새로운 것에 대한 세상 사람들의 최초 반응은 참으로 냉혹하다. 물론 벨이 처음 만든 전화기의 성능이 그리 썩 좋지 않은 탓도 있었겠지만 시장의 반응은 예상보다 훨씬 부정적이었다.

당시 업계 최고 권위의 기술잡지였던 「더 텔레그래피」는 "말을 멀리 전송하는 것은 시간낭비에 불과하다."며 전화라는 아이디어 자체를 폄하했다. 주변 동료나 특허 담당 변호사들조차 전화라는 것이 과학적으로 그저 신기한 물건일 뿐 실제로 사용하거나 사업화될 아이템은 아니라고 여겼다.

요즘으로 치면 화성에 간 우주탐사선이 물을 발견했다는 뉴스를 들을 때처럼 신기하기는 해도 실생활과는 아무런 상관도 없는 일이었을 뿐이다.

거기에다 전화가 처음 출시된 후에는 나쁜 소문이 번져나갔다. 전화를 하면 귀가 안 들린다거나 미친다는 소문이 그것이었다.

전화기를 처음 들여온 조선 사회에서도 한때 그 같은 소문이 돌았다. 전화로 이야기를 하면 귀신이 붙는다는 말이 나돌았던 것이다.

우리나라에 최초의 전화가 개통된 것은 벨이 전화를 발명한 지 20년의 세월이 흐른 뒤인 1896년 10월 2일로 알려져 있다. 궁내부(덕수궁)에 100회선의 전화교환기를 놓고 자석식 전화기로 부처 간 통화를 할 수 있었다.

그러나 이때 설치된 전화는 궁중 내부에 설치된 것인 만큼 일반 사람들은 이용할 수 없었다. 그런데 1890년경 조선을 방문한 새비지 랜더란 영국인이 쓴 기행문에는 재미있는 내용이 소개되어 있다.

고종이 많은 비용을 들여 전화를 설치한 까닭이 명성황후의 무덤과 통화를 하기 위해서였다는 것이다. 그에 따르면 왕궁에서 몇 마일 떨어진 황후의 무덤에 전화를 가설해 놓고 임금과 신하들이 하루에 몇 시간씩 전화기에서 나오는 소리를 듣기 위해 기다렸지만 무덤 속의 황후로부터 어떠한 기별이나 속삭임조차 들리지 않자 고종은 전화를 사기꾼으로 여겼다고 적

혀 있다.

물론 이 기행문은 개인의 기록으로서 사실에 근거했다고 보기에는 무리가 있다. 하지만 청나라가 전화 부설의 이권을 차지하기 위해 신정왕후의 능과 궁중을 연결하는 전화를 설치해 고종을 설득했다는 이야기도 전해진다. 고종은 대비였던 신정왕후를 생전에 끔찍이 모셔서 사후에도 3년상을 치르는 과정에서 매번 능을 찾았다고 한다.

전화에 귀신이 붙는다는 소문은 아마 여기서 비롯된 것이 아닐까 짐작된다. 명성황후의 능이건 대비의 능이건 간에 고종은 전화를 이용해 능에 문상을 했을 가능성이 높기 때문이다.

또한 1919년 고종이 승하한 후 순종도 전화로 고종의 능에 문상을 한 것으로 알려져 있다. 능 관리인이 전화기를 봉분 앞에 대면 왕과 신하들이 궁중의 전화기에 대고 곡을 하는 식이었다. 이는 고종 승하 후 일어난 3·1운동과 연관해 고종의 문상을 조용히 처리하고자 하는 일본의 강요로 일어난 일이라 추정된다.

## 전화로 잡담은 금물

지금은 전화로 온갖 비밀 이야기를 다 주고받지만 초기의 전화로는 언감생심이었다. 비밀은 고사하고 심지어 상대방과의 잡담조차 상상할 수 없었다. 그때는 전화번호가 따로 있는 것이 아니라 손으로 딸딸이를 돌려서 전화교환수를 호출한 다음 어디의 누구를 대 달라고 하면 연결해 주는 방식이었다.

따라서 교환수는 지역의 모든 계약자의 이름과 주소를 외우고 있어야 했다. 전화가 처음 발명된 미국에서도 잡담하는 것은 전화의 본래 이용법에서 벗어난 쓸데없는 짓으로 여겼다. 특히 동방예의지국인 조선의 전화예절이 까다로웠을 것은 당연하다.

전화를 걸기 전에 두 손을 맞잡아 얼굴 앞으로 들어 올리고 허리를 앞으로 공손히 구부렸다가 손을 내리는 읍을 한 다음 전화기를 들었다. 전화 거는 곳이 상부일 때는 두루마기를 입고 상투를 단정히 한 다음 전화통을 향해 큰절을 세 번 하고서 엎드린 채 전화를 걸어야 했다.

교환수가 상대방을 바꿔 주면 자신의 직함 및 품계, 본관, 성명을 말하고 상대부서의 판서, 참판, 참의의 안부를 물은 다음 전화받는 당사자의 부모 안부까지 물은 후 용건을 말했다. 그런데 아무리 예의를 깍듯하게 지켜도 전화는 종종 궁중의 법도를 어기는 의외의 사건을 일으킬 수 있다.

대한제국의 외부교섭국 황우찬 주사는 러시아공사가 와서 압록강변 산림벌채권을 결재하라고 강요하자 고종 황제의 내시에게 전화를 걸었다. 하지만 어찌된 일인지 교환수가 바꿔 준 전화기 속에서 내시가 아니라 고종의 목소리가 직접 들려왔다.

그 일로 인해 황우찬 주사는 황제에게 직접 전화를 건 불손죄를 뒤집어쓰고 청양으로 좌천당해야 했다.

당시 우리나라의 전화기 이름은 '텔레폰'을 음역해서 덕진풍(德津風), 덕률풍(德律風) 또는 다리풍(多離風)이라고

▲ 망건을 쓴 초창기의 전화교환수.

불렸다. 또 의역해서 말을 전하는 기계라는 뜻의 전어기, 어화통, 전어통 등으로도 불렸다.

그런데 덕을 이어 준다는 뜻으로 해석할 수 있는 덕진풍이 더러는 '德盡風'으로 표기되곤 했다. 즉 황우찬의 사건처럼 삼강오륜을 망치는 요물이라 하여 '도덕을 닳게 하는 바람'이란 악명을 얻은 것이다.

음성학과 농아 교육에 종사하며 '청각 장애인의 아버지'로 불리기도 했던 알렉산더 그레이엄 벨이 최초의 전화기 발명가라는 데는 지금도 논란의 여지가 남아 있다. 벨이 '말하는 기계'의 설계도를 들고 특허청을 찾아간 것은 1876년 2월 14일이었다.

그런데 벨이 특허청에 들어간 지 2시간 후 당시 전신 분야에서 최고 전문가로 인정받던 엘리샤 그레이도 특허청을 찾았다. 그레이는 벨보다 먼저 유선송화기로 말을 전달할 수 있다는 결론에 도달했지만 전화가 돈이 될 것 같지 않다는 생각에 다중 전신의 개발에 더 전념하고 있었다.

그러다가 벨의 전화 발명이 임박했다는 소문을 듣고 부랴부랴 자신의 아이디어를 정리해 특허청으로 달려온 것이었다.

▲ 여러 사람 앞에서 전화기 시연을 보이고 있는 벨.

사실 그날 특허청에 접수된 전화기 아이디어는 벨보다 그레이의 것이 성능면에서 더 우수했다. 벨은 가죽막을 이용해 음성을 전달하는 방식이었고 그레이는 더 효율적인 금속진동막을 이용하는 방식이었다. 특허청은 이 전무후무한 일에 대해 고민하던 끝에 결국 조금이라도 일찍 서류를 제출한 벨의 손을 들어주었다.

그 후로도 그레이는 가변저항을 이용해 음성을 실제로 전달하는 데 성공하는 등 기술적인 면에서는 벨보다 앞서 나갔으나 여전히 다중전신 분야에만 관심을 쏟고 음성을 전달하는 전화에는 별 의미를 두지 않았다.

## 최초 전화기 발명가 논쟁

최초 전화기 발명의 논쟁은 여기서 끝나지 않는다. 비교적 최근에 알려진 바에 의하면 벨이나 그레이보다 훨씬 이전에 전화를 발명한 사람이 있었다. 독일의 과학자 필립 라이스는 멀리 떨어진 두 장소에서 대화를 주고받을 수 있는 장치를 발명하여 1863년 영국의 STC 사에서 시험까지 해 성공을 거두었다. 그러나 라이스가 개발한 장치는 실용화되지도 않은 채 사람들에게서 잊혀 버렸다.

또 이탈리아의 발명가 안토니오 무치도 1860년 전화기를 발명해 미국 회사에 공동개발을 요청했으나 서류가 분실되는 바람에 유야무야된 적이 있다.

이처럼 많은 이들이 벨보다 먼저 전화를 발명했음에도 불구하고 오늘날 전화기의 최초 발명가는 알렉산더 그레이엄 벨로 기억된다. 단지 운이 좋아서였을까?

벨이 그들보다 앞섰던 것은 전화기 발명의 시간이 아니라 전화의 진정한 가치를 가장 먼저 알았다는 점이다. 즉 벨은 창조적 정신과 미래를 보는 눈을 겸비하고 있었다.

또한 벨은 전화기를 바라보는 시각도 그들과 달랐다. 그는 전화기를 보며

◀ 벨이 개발한 최초의 전화기.

이 기계가 얼마나 많은 돈을 벌어 줄지는 생각하지 않고 얼마나 많은 사람들을 자유롭게 할 것인가에 의미를 두었다. 농아학교에서 가르쳤던 청각장애인들이 어떻게든 소리를 들을 수 있기를 간절히 바라던 따뜻한 가슴을 지닌 이가 바로 벨이었다.

## 봉심 행사에 전화과 주사 동행

전화의 가치를 가장 먼저 안 벨처럼 20년 늦게 전화를 도입한 조선의 고종 역시 전화기를 여러모로 가치 있게 활용하고 있었다. 1900년(고종 37) 3월 14일 고종은 태조 이성계의 신궁이 있던 함흥과 영흥으로 능을 보살피러 떠나는 신하들을 접견했다.

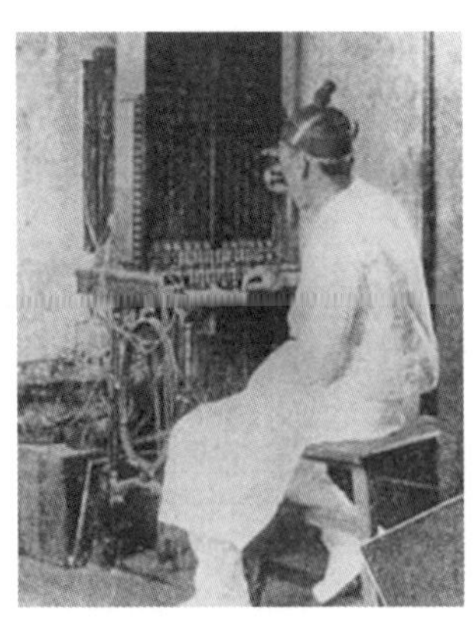

▲ 조선의 남자 전화교환원.

그 자리에서 의정(議政) 윤용선이 파발마가 없으므로 **계본**을 올릴 때 우체사를 통해 아뢰면 도중에서 지연될 것이 우려된다는 의견을 내놓았다.

그러자 고종은 "마땅히 전화과 주사가 기

계를 가지고 동행해야 할 것이니 전화로 먼저 아뢰면 필경 빠를 것이다."라고 해결책을 내놓았다. 이에 윤용선은 "그렇게 하면 이보다 더 편리한 것이 없을 것입니다."라며 기뻐한다.

갑오경장 이후 오랫동안 북도의 능침을 보살피지 못해 걱정이 많았던 고종으로서는 전화를 이용해 실시간으로 봉심(奉審 ; 임금의 명으로 능을 보살피던 일)의 진행 상황을 보고받고자 했던 것이다.

> **계본(啓本)**
> 조선시대 임금에게 제출한 문서. 1412년(태종 12) 장신(狀申)을 개칭한 것으로, 1417년에는 입초(入抄)와 일반사무 외에는 계본을 사용하도록 했으며, 1489년(성종 20)에는 일반 백성이 함부로 계본을 올리는 폐단을 시정해 반드시 관원이 검토한 뒤 왕에게 상달하도록 했다.

고종이 기거하던 덕수궁 함녕전의 대청마루에는 전화기가 놓여 있었다. 고종은 언제든지 필요할 때 이 대청마루의 전화로 정부의 각 부처에 지시사항을 내렸다. 그래서 궁중 사람들은 이 전화기를 '대청전화'라고 불렀다.

그 당시 고종은 주로 밤늦게까지 정사를 보다가 새벽에서야 침소로 들곤 했다. 그러니 각 부처의 관리들도 대청전화를 받기 위해 새벽까지 근무해야 했다. 이 대청전화의 위력을 가장 잘 알려 주는 사건으로 백범 김구의 목숨을 건진 일화를 들 수 있다.

## 파발마보다 빠른 고종의 대청전화

황해도 해주에서 출생한 김구는 1893년 동학에 입교하여 접주가 된 후 해주에서 동학농민운동을 지휘하다가 일본군에 쫓겨 만주로 피신했다. 1896년 다시 조국으로 돌아온 21세의 청년 김구는 황해도 안악으로 가기 위해 치하포 나루터 주막으로 들어섰다.

그런데 거기서 김구는 수상쩍은 인물을 발견했다. 단발을 하고 한복을 입은 그 사람은 조선인 행세를 하고 있었지만 만투가 이상하고 두루마기 안에 칼을 차고 있었다. 즉 그는 조선인을 가장하여 밀정 노릇을 하고 있던 일본군 중위 쓰치다(土田壤亮)였다.

그가 일본인임을 눈치챈 김구는 쓰치다를 발로 차서 계단 밑으로 떨어뜨리고는 칼을 빼앗아 살해했다. 그때 김구는 쓰치다가 혹시 국모 명성황후를 시해한 일본 낭인 중의 한 명이 아닐까 생각했던 것이다.

▲ 대한민국 임시정부의 주석으로 활동한 김구.

김구는 쓰치다가 갖고 있던 돈을 가난한 사람들에게 나누어 주도록 하고 그곳을 떠났다. 이 사실이 전해지자 일본 공사관에서는 외부대신 이완용에게 가해자의 빠른 체포를 요구하는 등 수선을 떨었다.

3개월 후 체포된 김구는 인천으로 압송되어 살인강도라는 죄명으로 사형선고를 받았다. 그런데 사형을 하려면 형식적으로라도 임금의 재가를 받아야 했다. 김구가 교수대로 끌려가기 직전 사형수의 심문서를 뒤적이던 승지 중 한 명이 김구의 심문서에서 '국모보수(國母報讎)'라는 글귀를 발견했다.

이미 재가 수속이 끝난 뒤였지만 승지는 김구의 심문서를 다시 고종에게 보여 드렸다. 그 내용을 본 고종은 즉시 어전회의를 연 후 대청전화를 걸어 김구에 대한 사형집행 정지명령을 내렸다.

재판에서 김구가 사형선고를 받은 것은 1896년 11월이니, 한국 최초의 전화 개통 후 약 한 달여 만에 고종은 국모의 원수를 갚기 위해 몸부림친 청년 김구를 전화로써 살려낸 것이다.

# 22
# 쓸모없고 아름답지 못한 천리경

남북전쟁이 끝난 지 이틀 후인 1865년 4월 14일 저녁, 에이브러햄 링컨 미국 대통령은 워싱턴의 포드 극장에서 연극을 관람하고 있었다. 당시 포드 극장에서는 미국 최고의 비극 배우로 평가받고 있던 에드윈 부스가 연기하는 〈우리의 미국인 친척〉이라는 작품이 공연되고 있었다.

링컨은 금으로 도금한 독일산 오페라글라스로 배우들의 얼굴 표정까지 살펴보며 연극에 푹 빠져 있었다. 사실 멀리 있는 사람을 몰래 훔쳐보기에 망원경처럼 좋은 물건도 없다. 더구나 오페라글라스는 공연시 배우들의 얼굴 표정이나 몸짓을 떳떳하게 훔쳐볼 수 있는 공식적인 물품이다.

▲ 링컨이 암살 당하던 날 사용했던 오페라글라스.

하지만 링컨의 훔쳐보기는 그것이 생애의 마지막이었다. 공연을 관람하던 링컨은 노예제 폐지에 반대하던 남부의 열렬한 지지자가 쏜 총에 머리를 관통 당해 다음 날 아침 사망했다.

그로부터 130여 년이 흐른 2002년 3월 27일 뉴욕의 크리스티 경매장에서 오페라글라스 한 점이 경매에 붙여졌다. 링컨이 암살당하던 날 사용했던 그 오페라글라스의 낙찰가는 무려 42만 4,000달러. 지금껏 팔린 오페라글라스 중 사상 최고가였다.

멀리 있는 사물을 마치 가까이 있는 것처럼 확대해 볼 수 있는 망원경의 발명은 아주 우연히 이루어졌다. 1608년 네덜란드 남부 미델부르크시에서 안경점을 하고 있던 한스 리페르세이의 아들은 아버지의 작업실에서 렌즈를 가지고 놀고 있었다.

그러다 우연히 렌즈 두 개를 어떻게 맞추었더니 멀리 있는 교회의 첨탑이 마치 가까이 있는 것처럼 크게 보이는 것이 아닌가. 아들은 놀라서 큰 소리로 아버지를 불렀고 한스 리페르세이는 그것에 착안하여 망원경을 만들었다.

## 30년간 독점 생산 권리 요구

한스가 발명한 망원경은 지방 관리를 통해 헤이그의 중앙 정부에 특허권이 청구되었다. 한스의 요구 조건은 망원경을 30년 동안 독점적으로 생산할 수 있는 권리였다. 하지만 네덜란드 중앙 정부는 한스의 발명 특허를 인정할 수 없다는 답변을 보내왔다.

그 이유는 한스가 특허권을 신청한 이후 보름도 채 되지 않아 똑같은 발명으로 특허를 청구한 사람이 두 명이나 더 나왔기 때문이다. 그밖에도 여

◀ 네덜란드의 한스 리페르세이는 렌즈 두 개를 겹쳐서 망원경을 발명했다.

기저기서 이 새로운 기구의 개발 소식이 들려와 한스를 당황하게 만들었다.

그럼에도 네덜란드 정부는 한스에게 후한 값을 지불했다. 적진의 동태를 감시할 수 있는 군사용으로 망원경만한 것이 없었기 때문이다. 그러나 망원경의 실용적 목적에 대한 한스의 견해는 이와 조금 달랐다. 그는 당시 막 태동하여 인기를 끌던 오페라 관람용으로 망원경을 개발하면 큰돈을 벌 수 있다고 생각했다. 그래서 한스는 두 눈으로 볼 수 있는 쌍안경도 처음으로 만들어냈다.

정작 망원경의 과학적 용도에 주목한 이는 따로 있었다. 갈릴레오 갈릴레이는 망원경의 발명 소식을 듣고 원리를 연구하여 직접 망원경을 만들었다. 그런 후 갈릴레오는 그 망원경으로 땅에 있는 사물 대신 하늘을 올려다보았다.

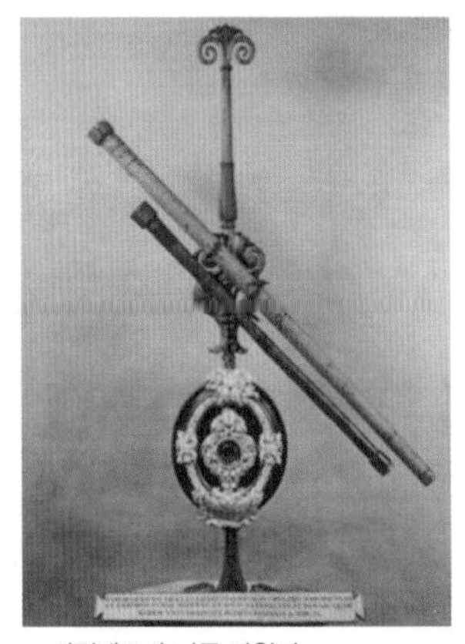

▲ 갈릴레오가 만든 망원경.

달의 표면이 울퉁불퉁하고 은하수가 별의 모임이며 목성에 위성이 있다는 사실을 망원경을 통해 알아낸 그는 '그래도 지구는 돈다'는 유명한 말을 우리에게 남겼다. 망원경이 이처럼 인간의 세계관을 송두리째 흔들어놓을 줄은 그 누구도 짐작하지 못했다.

사실 망원경이 처음 발명되었을 때만 해도 사람들의 관심을 크게 끌거나 대단한 물건이라고 생각하는 이는 별로 없었다. 물체가 크게 보이기는 해도 배율이 고작 두세 배 정도였고 그나마 희미한 데다 상이 찌그러져 보였기 때문이다. 오죽하면 망원경을 통해 보는 세상은 진리와는 거리가 먼 환상에 가깝다고 말하는 사람도 있을 정도였을까.

## 100리 밖의 적군을 탐지하는 물건

조선에 망원경이 처음 소개되었을 때의 상황도 이와 별반 다르지 않았다. 『조선왕조실록』에 의하면 우리나라에 망원경이 처음 전해진 것은 네덜란드 안경점 주인 한스의 발명 이후 23년이 지난 1631년(인조 9) 7월 12일이었다.

그날 『인조실록』에 의하면 명나라 북경에 사신으로 갔던 정두원이 돌아와 천문을 관측하고 100리 밖의 적군을 탐지할 수 있는 천리경을 바쳤다고 기록되어 있다. 천리경은 지금의 망원경을 일컫는 말이다.

당시 여진의 족장 누르하치가 일으킨 후금이 명나라의 북경 근처까지 침범하자 조선은 명나라를 위로한다는 명목으로 정두원을 파견해 국제 정세를 살피게 했다. 그러다 귀국하는 길에 정두원은 산둥반도의 덩저우에서 포르투갈 출신의 선교사인 육약한[陸若漢, 후안 로드리게스(Johannes Rodriguez)]을 만나 망원경을 선물받았다.

예수회 선교사인 육약한은 조선에도 기독교를 전하고 싶어서 그를 통해 조선 임금에게 신기한 물품을 선물한 것이다. 정두원은 이외에도 화약 심

지를 쓰지 않고 돌로 때리면 불이 저절로 일어나는 서포와 매시간 종이 저절로 울리는 자명종, 화약 재료인 염초화, 붉은색 목화인 자목화 등의 물품을 함께 가지고 왔다.

국제 정세 파악은 물론 군사적으로 중요한 물품을 가져온 정두원을 가상히 여긴 인조는 그의 벼슬을 특별히 올려줄 것을 명했다. 하지만 사간원에서 몇 차례나 반대 상소를 올리는 바람에 정두원에 대한 포상은 유야무야되고 말았다. 그 이유는 별로 쓸모없는 물건만 가져왔으니 벼슬을 올려주는 것은 마땅치 않다는 것이었다.

이때 정두원이 가져온 책 중에는 『원경설(遠鏡說)』이란 서적도 포함되어 있었다. 1626년 아담 샬이라는 독일 예수회 선교사가 한문으로 쓴 이 책에는 갈릴레오가 망원경으로 관측한 천문학적 성과와 함께 망원경의 원리와 구조가 상세히 소개되어 있었다.

하지만 조선의 사대부들에게는 천리경과 더불어 그 책은 별로 쓸모없는 물건에 지나지 않았고 그 후 천리경은 관심 속에서 점차 멀어진 것으로 보인다.

## 용당포 앞바다에 나타난 낯선 배

그런데 인조는 천리경을 건네준 육약한에 대해 꽤 관심을 보인 듯하다. 정두원이 중국에서 가져온 물품들을 바친 지 20여 일이 지났을 때 그를 따로 불러 중국 사정에 대해 이야기를 나누었다.

그 자리에서 인조는 "육약한은 어떤 사람인가."라고 물었다. 그러자 정두원은 "그는 도(道)를 터득한 사람 같습니다."라는 다소 의외의 대답을 했다. 기도와 고행을 통해 예수처럼 봉사하는 삶을 지향하는 예수회 선교사의 가치관에다 서양 과학 지식을 겸비한 육약한이 정두원의 눈에는 정말 도를 깨우친 이로 보였을지도 모른다.

그 후로 『조선왕조실록』에 천리경이 다시 등장하는 것은 1721년(숙종 38) 5월 15일자의 기록에서다. 이날 청나라 총관을 접견하고 돌아온 조정의 관리들은 "총관이 압록강 상류에 이르러 길이 험해 갈 수 없게 되자 강을 건너 그들의 지경(地境)을 따라 갔으며 늘 천리경을 가지고 산천을 보았습니다."라고 아뢰었다.

이로 미루어 짐작할 때 망원경은 여전히 조선과 무관한 이국의 물건인 양 취급되고 있음을 알 수 있다.

조선 사람들이 망원경을 구경할 기회는 중국을 경유하는 방법 말고도 또 있었다. 1797년(정조 21) 9월 6일 경상도 관찰사 이형원은 동래 용당포 앞바다에 생전 처음 보는 낯선 나라에서 온 배가 표류해 있다는 보고를 급작스럽게 올렸다.

그날 『정조실록』에 기록된 바에 의하면 배 안에는 코가 높고 눈이 파란 사람 50명이 타고 있었다고 묘사되어 있다. 그들은 머리를 땋아 늘어뜨리고 있었는데 역관을 시켜 중국어, 몽고어, 일본어, 당시 청나라 언어였던 만주어까지 동원해 국호 및 표류 이유 등을 물었으나 말이 전혀 통하지 않았다.

할 수 없이 붓을 주어서 무슨 말이든 쓰게 해 보았더니 그들이 적는 문자는 마치 구름이나 산 같은 모양이어서 역시 알아볼 수 없었다. 다만 그들이 하는 말 중에서 딱 하나 알아들을 수 있는 말이 있었다. 그것은 낭가사

▲ 프로비던스호의 선장이었던 윌리엄 브로턴.

기(浪加沙其)라는 말이었는데 아마 일본의 나가사키로부터 표류하여 이곳에 도착했다는 뜻으로 짐작되었다.

그로부터 약 한 달 후인 1797년(정조 21) 10월 4일 정조는 신하들에게 정무를 보고받는 자리에서 "전에 동래에 표류한 배에 대해 어떤 사람은 아마도 아란타(阿蘭陀) 사람인 듯하다고 했는데 아란타는 어느 지방 오랑캐 이름인가."라고 물었다.

이에 비변사 당상 이서구는 효종 때에도 일찍이 아란타 배가 와서 정박한 일이 있었는데 아란타는 서남 지방 오랑캐의 무리로 중국 판도에 소속된 지 얼마 되지 않는 곳이라고 대답했다. 아란타란 지금의 네덜란드를 가리키는데, 효종 때 나타난 배는 바로 하멜 일행이 나가사키로 향하던 중 제주도에 표착한 네덜란드 상선 스페르웨르(Sperwer) 호를 일컫는다.

하지만 동래 용당포에 상륙한 배는 네덜란드가 아니라 사실은 영국의 범선 프로비던스 호였다. 길이 33미터, 무게 40톤, 포 16문을 장착한 프로비던스 호는 영국 해군 윌리엄 로버트 브로턴 선장의 지휘 하에 북태평양을 탐사하던 중 타타르해협으로부터 조선의 영흥만 앞바디를 거쳐 동해안을 따라 남하하다가 동래에 상륙한 것이었다.

**박연 [얀 얀세 벨테브레]**
조선 인조 때에 귀화한 네덜란드 선원(1595~?). 우리나라 이름은 박연. 인조 6년(1628)에 표류하다 제주도에 상륙하여 귀화하였다. 훈련도감에서 전술을 가르치고 대포를 제작하였다.

앞서 조선에 우연히 표착한 **박연(朴淵)**이나 하멜 일행의 경우와 달리 프로비던스 호는 조선 탐험이란 뚜렷한 목적을 띠고 상륙한 최초의 서양 선박이었다. 그 같은 정황은 브로턴 선장이 후에 출판한 『북태평양 항해탐사기』라는 책에 뚜렷이 적혀 있다. 그 책에서 브로턴은 "새로운 정보와 교역이 기대될 것으로 생각해 조선 해안을 조사하는 것이 본래 항해 목적 중 하나"라고 밝혔다.

## 최초로 공무역을 제의한 서양 선박

프로비던스 호는 무려 열흘 동안이나 용당포에 정박해 있었는데 그동안 지방관리들은 물론 일반 백성들도 무리 지어서 배에 올라 선원들의 환영을 받으며 호기심 어린 눈으로 구경을 하고 다녔다.

동래부에서는 프로비던스 호 선원들에게 물, 소금, 쌀, 고기, 해초 등을 무상으로 제공하는 등 비교적 호의적인 태도를 취했다. 이때 동래부사 정상우가 올린 보고에 의하면 프로비던스 호에 실린 물건들은 유리병, 천리경, 구멍이 없는 은전 등 모두 서양물산이라고 되어 있다. 하지만 조정은 프로비던스 호가 떠날 때까지 더 이상 특별한 반응을 보이지 않았다.

그 후 1832년(순조 32) 때 충청도 홍주 고대도(지금의 충남 보령시 오천면

◀ 1800년대 조선시대에서 사용했던 천리경. 접었을 때 길이는 88.2센티미터, 펼쳤을 때 길이는 93.6센티미터다.

고대로리)에서 20여 일간 정박한 영국 동인도회사 소속의 상선인 로드 암허스트 호는 서양 선박 중 최초로 조선과의 공무역을 정식으로 제의했다.

그들은 모직물과 유리그릇 등을 주고 조선의 금, 은, 동, 대황 등의 약재를 사고 싶다고 밝혔다. 더불어 영국 국왕의 이름으로 된 문서와 예물을 조선 국왕에게 전달해 줄 것을 요구했다. 이들인 바친 예물 중에는 천리경 두 개도 포함되어 있었다. 그러나 이에 대해 조정은 중국 황제의 허락 없이는 외국과 통상할 수 없다고 통보하며 그들에게서 받은 서한과 선물을 되돌려 주었다.

조선이 이처럼 서양문화와의 교류에 소극적이었던 것은 여러 가지 복잡한 사정이 있었겠지만 그중에서도 특히 천리경에 대한 무관심은 나름대로 뚜렷한 이유가 있었다. 그 이유를 잘 드러내는 하나의 사건이 『조선왕조실록』에 기록되어 있다.

1744년(영조 20) 천문, 지리, 기후관측 등의 일을 맡아보던 관상감의 관원 김태서는 사재를 들여서 천리경 및 천문서적 등을 들여와 영조에게 올린 적이 있었다. 그런데 영조는 천문서적 중 일부만 관상감에 내려 보내고 천리경 등은 내려 보내지 않았다.

쓸 곳이 있는 물건인 데도 영조가 내려 보내지 않자 결국 영의정 김재로가 영조에게 그에 대해 고했다. 그러자 영조는 "이른바 규일영(태양관측용 망원경)이란 것이 비록 일식을 살펴보는 데는 효과가 있으나 곧바로 햇빛을 보는 것은 본디 아름다운 일이 아니다."라며 "규일영이라 하면 좋지 못한 무리들이 위를 엿보는 모습이 되므로 이미 명하여 깨 버렸다."고 대답했다.

그 자리에 함께 있던 다른 신하들은 태양을 관측하는 행위가 불경스럽다며 망원경을 부숴 버린 영조에 대해 모두 잘한 일이라며 찬탄했다.

## 개인이 천문도를 마음대로 소지할 수 없어

우리나라에서는 예로부터 태양이 제왕을 상징한다고 믿어왔다. 따라서 망원경으로 태양을 세밀하게 관측하는 것은 정말 영조의 말처럼 임금을 염탐하는 행위나 다름없었다. 태양뿐만 아니라 별자리의 위치를 그린 천문도 자체도 조선에서는 왕의 권위를 상징하는 물건이었다.

17세기 초 서양 천문도가 들어오기 전에 조선의 유일한 천문도였던 〈천상열차분야지도〉만 해도 개인이 사사로이 탁본을 떠서 소유하거나 제작하는 것 자체가 법으로 엄격히 금지되어 있었다. 만약 이를 어길 경우 큰 처

▲ 조선의 천문도인 〈천상열차분야지도〉.

벌을 받아야 했다.

지금 전해지는 천상열차분야지도의 대부분은 국가적으로 중요한 행사가 있을 때 왕의 명에 의해 공식적으로 탁본을 떠 고위관료에게 배포한 것들이다.

망원경이 조선에서 별로 쓸모없는 물건 취급을 받게 된 또 다른 이유 중 하나는 천문에 대한 동서양의 해석의 차이에 있었다. 조선시대 천문학의 주류는 천체들의 위치를 측정하고 계산하는 위치천문학이었다.

조선의 천문관원들은 눈을 감고도 별자리를 외울 만큼 숙지하고 있었고 별자리에서 어떤 변화가 있어나는지에 대해 매우 민감했다. 만약 혜성 같은 뜻밖의 별이 나타날 경우 그에 대응하는 인간 사회의 변화를 예고하는 징조로 천문의 변화가 이용되었기 때문이다.

예를 들면 궁녀를 상징하는 별이 밝게 빛나면 궁녀 중에 임금의 총애를 받는 이가 나타난다는 뜻이고 임금의 잠자리를 의미하는 별자리에 혜성이 침범하면 나쁜 무리가 임금을 해할 위험이 있다고 해석했다.

즉 조선에서 '천문을 안다'는 것은 별자리들을 모두 꿰고 외울 수 있음을 말하는 것이지 망원경은 거기에 갖다 대고 별들의 구체적인 모양이나 현상의 물리적 원인을 탐구할 필요는 없었다는 의미다. 따라서 조선의 천문학에서 망원경은 있으면 좋기는 하되, 그들이 천문학을 하는 데 있어서 꼭 필요한 물건은 아니었던 셈이다.

동양사상의 밑바탕을 이루고 있는 '음양오행설'은 우리가 가장 자주 대하는 천체들과도 밀접한 관련이 있다. 음양은 달과 해를 가리키며, 다섯 개의 움직이는 별인 오행은 수성, 금성, 화성, 목성, 토성을 뜻하기 때문이다.

그런데 망원경의 등장 이후 오행 외에도 행성이 3개나 더 발견되었다. 천왕성과 해왕성을 비롯해 지금은 행성의 자격을 박탈당한 명왕성이 그것이다. 그런데 묘하게도 이 행성들의 이름에는 모두 '왕'자가 들어가 있다. 왜 그럴까?

그것은 서양에서 붙여진 명칭을 그대로 옮겨왔기 때문이다. 천왕성(天王星)은 우라노스(Uranus, 하늘의 신), 해왕성(海王星)은 넵튠(Neptune, 바다의 신), 명왕성(冥王星)은 플루토(Pluto, 지옥의 신)의 직역이다.

망원경의 등장 이후 천문학의 주도권을 서양에서 쥐게 된 흔적이 이 3개 행성들의 이름에 그대로 남아 있는 셈이다.

## 23
# 값비싼 염색으로 사치를 누린 백의민족

우리는 예로부터 우리의 조상들은 '백의민족'이라고 알고 있다. 흰색 옷을 즐겨 입는 민족이었다는 것이다. 고대 부족국가인 부여 때부터 흰옷을 널리 입었다고 하니 우리 민족이 흰옷을 즐겨 입기 시작한 역사는 무척 오래된 셈이다.

우리 민족이 유독 흰옷을 즐겨 입게 된 연유에 대한 설은 분분하다. 염색기술이 발달하지 않아서 그냥 흰옷을 입었다는 견해가 있는가 하면 지배층 외에는 착용해서는 안 되는 금제 복식 규정이 많아서 일반 백성들이 흰옷을 입게 되었다는 설도 있다.

또한 염료를 구하기 힘들었을 뿐만 아니라 염료 값이 매우 비쌌기 때문이라는 매우 실용적인 견해를 내놓는 이도 있다. 한편으로는 우리 민족이 예로부터 흰색 선호사상을 지니고 있었다는 주장도 있다.

우리 민족의 영산인 백두산(白頭山)은 백색의 부석(浮石)이 얹혀 있으므로 마치 흰머리 같다 하여 그런 명칭이 되었다고 한다. 또 일설에 의하면 흰

소머리를 제물로 하여 하늘에 제사를 지낸 데서 백두산이란 이름이 유래했다고도 한다.

남한에서 가장 높은 산인 한라산의 백록담도 옛날 선인들이 그곳에서 흰 사슴으로 담근 술을 마셨다는 전설에서 유래한 명칭이다. 백두에서 한라까지 모두 흰색과 연관이 있는 것으로 미루어 볼 때 백의민족의 유래가 결코 우연만은 아닌 듯싶다.

하지만 백의민족이라고 해서 우리 조상들이 흰색 옷만을 선호하고 입었던 것은 아니었다. 조선시대 세종 때는 높은 벼슬아치부터 천민과 종에 이르기까지 염색한 옷을 입는 것이 유행하여 사간원에서 사치 풍습을 염려하는 상소문까지 올렸을 정도였다.

1427년(세종 9) 2월 19일자의 『세종실록』을 보면 그 같은 정황이 세세히 기록되어 있다.

"지금 위로는 경대부(卿大夫: 높은 관직에 있는 벼슬아치)로부터 아래로는 천례(賤隷: 천민과 노예)에 이르기까지 자색(紫色)을 입기를 좋아하니, 이로 인하여 자색 한 필 염색하는 값이 또 베 한 필이나 듭니다. 옷의 안찝까지 모두 홍색의 염료를 쓰게 되니, 단목(丹木)과 홍화(紅花)의 값도 또한 헐하지 않게 됩니다. 다만 사치를 서로 숭상하여 등차(等次)의 분변이 없을 뿐만 아니라 물가가 뛰어 오르게 되니 또한 염려가 됩니다. 지금부터는 그 자색의 염료는 진상하는 의대(衣襨: 임금의 옷)와 대궐 안에서 소용되는 외에는 일체 엄격히 금하고 홍색으로 물들인 옷의 안찝은 문무의 각 품관과 사대부의 자제 외에 각 관사의 이전(吏典), 외방(外方)의 향리(鄕吏), 공상(工商), 천례 들은 또한 입는 것을 금하게 하고 연월(年月)로써 기한하여 사치를 영구히 금단시키고 등차(等差)를 분변할 것입니다."

이 같은 사간원의 상소에 대해 세종은 다가오는 경술년(1430)에는 자색의 옷을 입는 것을 금하도록 명했다.

## 황색 계통의 옷은 착용 금지

그로부터 17년 후인 1444년(세종 26)에는 사헌부에서 정황색 이외의 섞은 염색으로 황색에 가까운 것은 다 입거나 신도록 허용하게 해 달라고 임금에게 아뢰었다. 이는 곧 그동안 황색 계통의 옷은 금지했다는 의미가 된다. 왜 그랬을까?

그 이유를 알기 위해서는 음양오행설에 근거를 둔 오방색의 의미부터 먼저 이해해야 한다. 오방색이란 동서남북과 중앙을 포함한 다섯 방위를 기본으로 삼은 5가지 전통 색상을 일컫는다.

즉 동쪽은 청색, 서쪽은 백색, 남쪽은 적색, 북쪽은 흑색, 중앙은 황색으로 각각 표현한다. 여기서 황색은 우주의 중심을 상징하므로 가장 고귀한 색으로 여겨져 중국에서도 황제의 복색(服色)으로만 사용할 수 있었다. 따라서 조선에서는 누런 빛깔에 가까운 것은 중국 사신이 보는 곳이 아닐지

◀ 쪽빛을 염색할 때 쓰는 식물인 쪽.

라도 다 금지하고 있었던 것이다.

그 대신 조선에서 일반 백성들도 마음 놓고 염색해 입을 수 있는 색상은 청색이었다. 태조를 비롯해 세종, 연산군, 인종, 현종은 청색 옷을 권장했으며 숙종은 아예 청색 옷의 착용을 국명으로 내리기까지 했다.

이 역시 오방색의 상징성에 그 이유가 있었다. 우리나라는 중국을 중심으로 했을 때 동쪽에 위치하므로 그에 어울리는 색인 청색 옷을 입어야 한다는 논리였다.

인류가 염색을 시작하게 된 것은 수렵과 채집 생활을 하면서부터였다. 과일이나 열매 등을 채취할 때 자연스레 과즙이 염착되고 사냥을 할 때 동물의 피가 의류에 착색되는 것을 알게 되어 그런 현상을 의류와 생활용품 등에 이용했던 것이다.

천연염료의 종류는 식물의 잎이나 꽃, 열매, 줄기, 뿌리 등을 이용하는 식물성염료와 동물의 피나 즙, 조개 분비물, 식물에 기생하는 벌레 등을 이용하는 동물성염료, 그리고 황토나 주사, 적토, 흑토 등의 광물성염료 등 세 가지가 있다.

우리 선조들은 이 가운데서 주변에서 쉽게 구할 수 있는 식물성염료를 가장 많이 사용했다. 식물성염료 중 인류 역사상 가장 먼저 사용한 것이 바로 쪽이다.

7~8월에 꽃을 피우는 한해살이 식물인 쪽은 사실 붉은 빛이 강한 자주색을 띠는 풀이다. 그런데 이 풀의 잎을 모아 삭히면 우리나라의 가을 하늘과 같은 쪽빛을 얻을 수 있다.

쪽과 같은 식물성염료는 색소를 추출하는 데 많은 시간이 걸릴 뿐더러 염색과정도 매우 복잡하다. 쪽의 염색은 7월 말이나 8월 초쯤 새벽이슬을

머금었을 때 베어서 항아리 안에 물을 채워 넣고 돌로 누른 다음 일주일 정도 삭히는 것에서부터 시작된다.

이때 물은 주로 냇물이나 지하수를 사용했는데, 거기에 우리 선조들의 과학적인 경험이 돋보인다. 냇물이나 지하수에는 칼슘, 마그네슘 등의 금속 이온이 녹아 있고 산성도가 적당해 쪽물을 우려내기에 가장 알맞은 성질을 지니고 있기 때문이다.

## 쪽이 잠에서 깨어나다

이렇게 우려낸 쪽물에 조개나 굴 껍데기를 구운 후 빻아서 넣고 고무래로 정성스레 저으면 푸른 거품이 부글부글 올라오게 된다. 하루 정도 항아리를 그대로 두면 조개껍데기의 석회와 색소가 만나 위에는 맑은 물이, 아래쪽에는 푸른색 물이 가라앉게 된다.

맑은 윗물을 따라낸 다음 콩대를 태워 만든 잿물을 적당하게 섞어서 다시 일주일 정도 두면 석회와 쪽물 색소가 서서히 분리되기 시작하는데, 이를 두고 '쪽이 잠에서 깨어난다.'고 표현한다. 다시 말해 이때부터 염색이 가

◀ 쪽을 포함해 모든 식물성염료는 산지와 채취시기, 보관 상태에 따라 미세하게 다른 색을 띠게 된다.

능하다는 뜻이다.

그러면 거기에 착색제 역할을 하는 양조 식초를 넣은 다음 옷감을 담그면 사람의 눈을 편안하게 해 주는 신비스러운 쪽빛 옷감을 얻을 수 있다.

쪽을 포함해 모든 식물성염료는 산지와 채취시기, 보관상태에 따라 미세하게 다른 색을 띠게 된다. 또 같은 염료라도 몇 번 반복해서 물들이는가 그리고 사람의 손놀림 및 시간에 의해서도 다양한 색으로 표현된다.

홍만선의 『산림경제』와 조선시대의 가정백과사전인 『규합총서』에 의하면 쪽물을 들일 때 푸른빛을 더욱 짙고 산뜻하게 하는 비법 중 하나로 얼음을 사용하라고 적혀 있다.

쪽물로 염색한 옷감은 특히 햇빛에 강해서 변색할 염려가 거의 없으며 방충 효과가 있어서 좀이 슬거나 상하는 일을 예방할 수 있는 장점이 있다. 때문에 옷감뿐만 아니라 종이에도 쪽물을 들였는데 이를 감지(紺紙)라고 한다. 불교의 경전 중 감지로 된 것은 이런 방충효과 덕분인지 연대가 매우 오래된 것들도 오늘날까지 거의 손상 없이 남아 있는 경우가 많다.

우리나라의 전통색에는 오방색과 더불어 오간색이 있다. 오간색이란 말 그대로 오방색의 중간색을 의미한다. 즉 청색과 황색의 중간색인 녹색, 청색과 백색의 중간색인 벽색(碧色), 적색과 백색의 중간색인 홍색, 흑색과 적색의 중간색인 자색, 흑색과 황색의 중간색인 유황색(硫黃色)이 바로 오간색이다.

음양오행설에서 오방색이 양(陽)의 기운을 가졌다면 오간색은 음(陰)의 색인 셈이다. 그런데 천연염료에서 간색을 얻는 과정은 화학염료에 비해 차이가 있다. 화학염료의 경우 황색과 청색을 섞으면 녹색을 얻을 수 있다.

하지만 천연염료는 반드시 천에 쪽으로 청색 염색을 먼저 한 뒤 황련 뿌

◀ 조선시대에는 염색 기술이 조정에서 주관하는 관장제 수공업의 형태로 발전되었다.

리 등에서 얻는 황색 염색을 해야 녹색을 얻을 수 있다. 이와 반대로 황색 물을 먼저 들인 뒤 청색 염색을 할 경우 색이 죽어서 제대로 된 녹색을 얻을 수 없다.

즉 어두운 색부터 먼저 염색을 해서는 안 되고 밝은 색부터 염색을 해야 원하는 간색을 우려낼 수 있다. 따라서 간색을 낼 때는 백색(서쪽)→청색(동쪽)→황색(중앙)→적색(남쪽)→흑색(북쪽)의 염색 순서를 지켜야 한다.

이런 과정을 거쳐 다양한 색을 구현했는데 때에 따라서는 염색 장인을 중국에 보내 염색기술을 배워 오게도 했다. 1461년(세조 7)에는 중국에 사신을 보낼 때마다 능라장(비단을 짜는 직공)을 한 사람씩 윤번으로 보내 고치를 켜서 실을 뽑고 염색하는 기술을 배워 오게 했다.

또 연산군도 북경에 가는 사신 행차 때 능라장을 따라가게 하여 대홍색(大紅色)과 초록색 등의 염색법을 익혀 오게 했다. 하지만 조선의 염색기술이 반드시 중국에 뒤떨어진 것만은 아니었던 듯싶다.

자초를 이용한 자색 염색 기술은 고려 때부터 중국에까지 알려질 정도로 뛰어났는데 조선 예종 때는 중국에서 온 사신이 황제의 명에 따라 조선의 자색이 매우 좋으니 생견(生絹) 11필을 염색해 달라고 부탁한 적이 있다.

이처럼 조선시대에는 염색 기술이 조정에서 주관하는 관장제수공업의 형태로 발전되었다. 염색을 담당하는 장인은 상의원이나 제용감에 소속되어 있었는데, 상의원에는 청염장, 홍염장, 하엽록장, 초염장이 있었고 제용감에서는 청염장, 홍염장, 하엽록장이 염색을 담당했다.

청염장은 청색, 홍염장은 홍색, 하엽록장은 녹색, 초염장은 직물 염색 이외의 초립이나 화문석 등을 담당하던 염색장인이었다.

## 색상에 따라 직물 가격 차이 있어

또한 조선시대에는 염색의 색상에 따라 직물의 가격에도 차이가 있었다. 조선 순조 때 편찬된 『만기요람』에 의하면 염색을 하지 않은 백토주는 필당 21냥인데 비해 초록토주는 23냥 4푼, 번홍토주는 25냥 4푼, 자적토주는 46냥 8푼, 대홍토주는 91냥에 거래된 것으로 기록되어 있다.

이로 볼 때 대홍, 자적, 번홍, 초록의 순으로 염색 가격이 높았던 것 같다. 청색 계열의 경우 아청색이 필당 70냥, 남색이 필당 56냥에 거래되어 아청색이 더 비싸게 거래되었다.

▲ 경기가 좋지 않을 때일수록 빨간색 계통의 짙은 립스틱이 많이 판매되는 '립스틱 효과'가 나타난다.

그런데 『조선왕조실록』에서 염색에 관련된 기록을 살펴보면 매우 흥미로운 현상을 하나 관찰할 수 있다. 요약하자면, 태평성대를 누릴 때는 백성들이 염색을 너무 하지 않아 임금이 걱정을 했고 정치적 혼란이 심할 때는 오히려 지나치게 짙은 염

색을 하여 임금이 나서서 진하게 물들이는 것을 금단하는 명을 내렸던 것이다.

최근 이와 비슷한 현상으로 '립스틱 효과'라는 용어가 있다. 경기가 좋지 않을 때일수록 빨간색 계통의 짙은 립스틱이 많이 판매되는 현상을 일컫는 말이다. 경기가 어려워지면 여성들이 전체적인 소비를 줄이는 대신 비교적 저가인 립스틱으로 분위기를 바꾸어 만족을 느끼는 효과를 얻는다는 것이다.

비슷한 현상으로서 불경기일수록 화려한 색상의 차가 더 잘 팔린다는 자동차업계의 속설이 전해진다. 이 또한 소비자들이 차의 색깔을 통해 자신의 개성을 돋보이게 하려는 의도 때문인 것으로 해석할 수 있다. 경기가 나빠지면 하이힐과 미니스커트가 유행한다는 속설도 그와 비슷한 맥락이다.

## 지나치게 짙은 초록 염색 유행

조선 개국 이래 가장 평화로운 시대를 열었던 성종은 훈구 세력과 사림 세력 간에 힘의 균형을 이뤄 왕권의 중심이 잡힌 태평성대를 구가했다. 정치뿐 아니라 학문과 국가제도를 정비하고 민간경제와 민생을 안정시킨 군주로 꼽히고 있다.

그런데 이런 태평성대 때 사람들이 염색을 잘 하지 않는 문제로 성종은 고민했다. 1485년(성종 16) 7월 21일자의 기록에 의하면 성종은 승정원에 다음과 같이 물었다.

"내가 듣건대, 세종조(世宗朝)에 조정 신하들이 입는 원령(圓領: 목둘레가 둥근 깃)은 더러는 압두록으로 염색하고 더러는 감다갈로 염색하고 더러는 아청으로 염색했다고 하는데 지금은 이런 복색이 없으니, 금하는 영(令)이 있어서 그런가, 사람들이 스스로 입지 않는 것인가?"

이에 승지는 "특별히 금하는 영은 없었으나 세속에서 좋아하지 않을 뿐입니다."라고 아뢰었다.

1490년(성종 21)에도 성종은 백관이 입은 공복의 염색이 고르지 아니하여 조정 의식의 풍채가 없다며, 만일 다른 나라 사신이 보면 어떻게 생각하겠냐는 걱정을 늘어놓았다.

하지만 중종 때의 상황은 이와 정반대다. 1528년(중종 23) 8월 18일 대사간 유윤덕은 "사치가 풍속을 이룬 것이 이때보다 심한 적이 없습니다. 심지어 초록 염색도 지나치게 짙은 것을 숭상하여 전에는 5~6필을 염색하던 쪽으로 지금은 1필도 염색하지 못하는데, 모두 제군, 대가 및 궐내에서 그렇게 한다고 하며 다투어 서로 본받아 폐습이 되었으니, 만일 근본을 바로 잡고 근원을 맑게 한다면 자연히 이런 폐단이 없어질 것입니다."라고 중종에게 아뢰었다.

그러자 중종은 사치하는 폐단 때문에 올해는 궁중에도 진하게 물들이는 것을 금단했다며, 조정의 벼슬아치들은 짙게 염색한 색깔을 모두 입지 못하도록 했다. 그 당시에는 밭에 곡식을 심지 않고 쪽을 많이 심을 정도였다고 하니, 얼마나 염색 사치가 심했는지 짐작할 수 있다.

중종 때의 이런 염색 사치는 조선 전기 이래 관장제수공업으로 내려온 염색업이 민간 수공업으로 전환하면서 나타난 일시적 현상으로 볼 수도 있다. 이때부터 사적으로 염색하는 장인들이 나타나 비싼 값을 받고 염색을 해 주었으며 지체 높은 사대부 집에서는 수입으로 들여온 흰 실에 갖가지 색을 염색해 직조한 옷감으로 옷을 만들어 입기도 했기 때문이다.

그런데 연산군이 폐출된 이후 왕으로 추대된 중종은 반정공신 세력의 위세에 눌려 조정의 주도권을 장악하지 못한 군주였다. 더구나 그들을 견제하기 위해 신진 사림 세력인 조광조를 끌어들인 후 스스로 숙청시키는 과오로 인해 오히려 훈신과 척신과의 치열한 권력 다툼으로 정국을 극심한 혼란에 빠뜨린 장본인이다.

이런 정치적 혼란기에서 자신을 돋보이게 하려는 의도이거나 혹은 어지러운 시절에서 벗어나려는 기분전환이나 보상심리에서 그렇게 짙은 염색 사치가 유행하지 않았을까 싶다.

# 조선왕조실록에 숨어 있는 과학

펴낸날 초판 1쇄 2010년 4월 30일
초판 4쇄 2011년 9월 1일
개정판 1쇄 2015년 2월 20일
개정판 7쇄 2021년 4월 5일

지은이 이성규
펴낸이 심만수
펴낸곳 (주)살림출판사
출판등록 1989년 11월 1일 제9-210호

주소 경기도 파주시 광인사길 30
전화 031-955-1350 팩스 031-624-1356
홈페이지 http://www.sallimbooks.com
이메일 book@sallimbooks.com

ISBN 978-89-522-3031-7 44400
살림Friends는 (주)살림출판사의 청소년 브랜드입니다.



이 도서의 국립중앙도서관 출판시도서목록(CIP)은 서지정보유통지원시스템 홈페이지 (http://seoji.nl.go.kr)와 국가자료공동목록시스템(http://www.nl.go.kr/kolisnet)에서 이용하실 수 있습니다.(CIP제어번호: CIP2014033509)